做一个灵魂独立而丰富的女子

西川木兰
著

北京燕山出版社
BEIJING YANSHAN PRESS

图书在版编目（CIP）数据

做一个灵魂独立而丰富的女子 / 西川木兰著. -- 北京：北京燕山出版社, 2019.5

ISBN 978-7-5402-5385-1

Ⅰ. ①做… Ⅱ. ①西… Ⅲ. ①女性－成功心理－通俗读物 Ⅳ. ①B848.4-49

中国版本图书馆CIP数据核字(2019)第091824号

做一个灵魂独立而丰富的女子

作　　者：西川木兰
责任编辑：王月佳
装帧设计：仙境设计
出版发行：北京燕山出版社
社　　址：北京市西城区陶然亭路53号（100054）
电　　话：010-65240430
印　　刷：北京欣睿虹彩印刷有限公司
开　　本：880mm*1240mm 1/32
字　　数：110千字
印　　张：7
版　　次：2019年7月第1版
印　　次：2019年7月第1次印刷
定　　价：39.80元

Contents 目录

· 001 · 香奈儿的命运和态度

· 016 · 对世界和人性的未知始终怀着巨大的热情

· 029 · 雷霆闪电贫穷都无法限制我发现这个世界的心

· 035 · 我一生只有三次见到天才

——玫瑰就是玫瑰就是玫瑰就是玫瑰

· 040 · 我愿意舍弃一切，去拥抱她的天赋

· 048 · 我无法买到，它是非卖品

· 058 · 世界以痛吻我，而我报之以歌

· 065 · 没有人是一座孤岛

· 073 · 来自生活来自灵魂来自爱

· 082 · 每一个人都是宇宙的中心

· 117 · 我将创造一个完全不一样的女主角：
平凡矮小贫穷，但一样能吸引人

· 124 · 我的灵魂从不懦弱

· 130 · 唯有写作抚慰她这一颗敏感而受伤的心

· 139 · 永葆美丽的秘诀

· 148 · 懂得拒绝的人生

· 153 · 一颗慈悲的心，可抵御所有时间的风暴

· 157 · 我和谁都不争，和谁争我都不屑

· 163 · 如果人生是一场海选

· 168 · 走出去，自己就是那颗最亮的钻石

· 172 · 成为全世界渴望看到的花朵

· 175 · 没有经过“修炼”的人生是不值得过的人生

· 179 · 人生永远没有太晚的开始

· 188 · 简单生活的本质和原则

· 198 · 积极的心态和语言创造美好的人生

· 203 · 自己就是自己的生活

· 206 · 别再为小事情浪费生命

· 210 · 童年的花园

· 215 · 写给未来五年后的自己

· 218 · 亲爱的你，也写下对自己的承诺和期许吧！

香奈儿的命运和态度

如果蒙台梭利和香奈儿生活在一个界面，相信她们一定会成为最好的朋友。因为，香奈儿的童年时光就像蒙台梭利说的那样：每一个孩子都对自己的童年有着成年人无法想象的感情。无论如何的艰苦环境，孩子们从来都不会觉得苦，而且常常还会觉得自己的童年已经很幸福。孩子们只要吃饱了饭，喝足了水，就会发现大自然的美。香奈儿就是这样的一位女孩。

香奈儿出生在旅途中的一家济贫院里，她父亲不在母亲身边。香奈儿父亲全然不顾自己的妻子和孩子，似乎总是想方设法不在孩子成长的现场。香奈儿大约 6 岁的时候就会带着自己缝制的布头娃娃、自己喜欢的雏菊、野矢车菊去墓园里独处。而香奈儿的母亲因为贫穷、反复怀孕身体很差，香奈儿和自己的姐妹几乎都被关在一间屋里长大的，因为实在是没有大人陪伴她们。大致 11 岁左右时香奈儿的母亲病逝。从此以后，她都住在奥巴辛修道院的孤儿院。关于香奈儿的出生、年龄、童年时光总是扑朔迷离，因为香奈儿自己就常常说出不同的片段，而了解的人都保持了对她足够的发自内心的尊重，从来不肯给任何人分享。

香奈儿在这里一直住到 18 岁，一年又一年，一天又一天，从孤儿院到教堂之间，来来回回、上上下下，祈祷、希望、对未来期待。在这里，她一定非常喜欢那些教堂窗玻璃线条组成的各种几何图案，那些相互交错的弧线和圆环，后来都被香奈儿用在了标志性的双 C 图案上。奥巴辛修道院一条走廊上的马赛克地板上的星星月亮十字架图案的圆弧线条，都出现在了她设计的礼服上的绣线和珠饰上,还有她设计的各种钻石珠宝上。这些图案总是被她随意又恰如其分地应用。

在奥巴辛，香奈儿不仅仅让自己的缝纫技术更加高超，而且还学会了这里的干净简单整洁的整体风格，每一样物品都放得整整齐齐、规规矩矩、有条不紊。香奈儿终生都保留了在这里形成的简单干净的生活状态。她一直都坚持用白色纯棉布当自己的被单和床单。

香奈儿对这里的建筑是如此深情，当她足够有能力自己做主的时候，在地中海的蔚蓝海岸，香奈儿亲自设计了属于自己的别墅 La Pausa 。香奈儿要求当年 28 岁的建筑设计师斯特莱茨按奥巴辛修道院孤儿院的石梯来建造，她还要求建筑设计师亲自去奥巴辛修道院仔细观察和拍摄这座教堂的石梯，在 La Pausa 别墅复制了一座一模一样的石梯。这座别墅以最快的速度建成，别墅有三个侧翼，在设计上和香奈儿那段小时候待过的孤儿院非常相似，都有宽敞的庭院。在这里香奈儿的卧室的床上环绕着香奈儿设计的铸铁雕刻的星星图案。

香奈儿和她身边的人都没有想到这个孤儿院长大的孩子会成为一个服装设计师，创造出一个属于她的时尚时代。她不仅仅有高雅的艺术品位而且还创造出商业上巨大的成功。

香奈儿最喜欢读的小说是《简爱》和《呼啸山庄》，勃朗特姐妹也是母亲很早就病逝，她们一直生活在偏僻的山坳，但是不妨碍她们透过大自然书写自己想象的故事和人物。贫穷丝毫没有限制她们的想象力，贫穷让她们更多地关心自己的内心，与自己独处，善于观察，积蓄力量。

香奈儿不仅仅从童年得到灵感，得到启迪，彰显她的审美和品位；更重要的是她交往的每一位男性都令她成长。

就像当年的夏洛蒂・勃朗特姐妹，她们要么嫁人要么做一名家庭教师，几乎没有别的谋生手段。当香奈儿在孤儿院长到

18 岁，她如果不做修女就要自谋生路。她唯一可以做的就是缝纫。命运总是让人感到惊奇，勃朗特姐妹没有做成家庭教师，反而成为了作家；香奈儿没有成为交际花或被包养的女人 ，却一步步蜕变成为一名设计师和时尚王国的女王。尤其是香奈儿本人，似乎每一个和她相爱的男人都教会她很多，似乎每一个伤害过她的男人都让她活得更精彩纷呈。

香奈儿不经意间已经变成为一个标准的美女，拳头大的小脸、浓密乌黑的头发、白皙的皮肤和纤弱的身材，但是她是一个有想法、有力量的美女。虽然替富人家的女儿缝制嫁妆，但是不妨碍香奈儿认识给她的世界带来一抹阳光的人。这个人就是巴勒松，巴勒松年轻富有，有一群赛马。他把香奈儿从穆朗小地方带到巴黎。香奈儿与巴勒松在一起六年的时间里，她没有自己的钱、没有父母，但是她学会了用自己的方式在巴勒松的庄园里生活。她既不是女主人又不是交际花，她常常一副假小子的装扮，在别人眼中她游手好闲、骑马闲逛；但是她从那些猎取男人芳心的美人身上学习了很多，尤其是巴勒松的前情人埃米莉·安娜的成长让香奈儿打心眼里佩服。她不做巴勒松的情人，依旧和他保持良好关系，她成了一名演员，还会写诗。据说埃米莉·安娜后来是《追忆似水年华》里瑞秋的原型。

香奈儿从此以后，从未与任何一位与她深交的男性交恶，她和每一位都能做朋友。巴勒松终身未娶，他乐于保持自己单身的状态。他认识香奈儿的时候，已经没有父母，虽然很富有，这也许就是为什么他更加心疼香奈儿的原因吧。他终生都保持着对香奈儿的沉默。

香奈儿不会一辈子骑马闲逛，她一直渴望自己有自己的财务自由，而不是被人包养，或者成为交际花。虽然她骨子里认为交际花还比道貌岸然的家庭主妇干净，她这一时期喜欢看小仲马写的《茶花女》，这也是她日后最喜欢在设计作品里用白色山茶花的原因。

在巴勒松的庄园里，香奈儿认识了她生命中最重要的卡柏男孩。卡柏男孩精明能干，一直打理家族生意，家族财产最初来自于英格兰北部的煤矿。1909年，这一年香奈儿已经26岁了，她离开巴勒松的庄园跟着卡柏来到了巴黎。在这里她开了自己的帽子店，巴勒松提供自己在巴黎的单身公寓给香奈儿当落脚点，卡柏提供了资金，香奈儿找来自己的姑姑和妹妹帮忙，她的帽子首先卖给了埃米莉·安娜这样的交际花演员。她们不仅仅买她的帽子也成为她帽子绝佳的模特。因为香奈儿的帽子简洁新颖别致，香奈儿一开始就有自己清晰的设计主见，她说：“没有什么东西比繁琐、累赘、故作气派的装束更让一个女人显老了。”

她的设计无论是对于她的对手还是竞争者都是如此标新立异，她的生意如此成功，所以很快巴勒松的公寓就显得太小了。1910年1月1日，香奈儿在康朋街开了新店。她的生意越做越大，不仅仅做帽子，也开始销售服装。后来甚至开始销售今天全世界都知道的香奈儿5号香水。

香奈儿服装成功的原因是香奈儿感知到时代正在发生翻天覆地的变化！就像她对好朋友说的，时尚应该诠释时间和地点。香奈儿设计的简约的针织衫、素净的水手衫、直筒裙这些衣服颜色素雅，可以用在每一种场合，关键是穿着起来非常随意，可以自由地做事情和运动。穿上这些衣服可以自由地工作和在海边度假，让女性充分地在服装上解放出来。

她说："我目睹了奢华的消失，19世纪的沉沦，一个时代的终结。辉煌的时代，但也是衰退的时代，一种巴洛克风格的余晖。在巴洛克风格中，装饰抹杀了线条，过度窒息了人体，就像热带雨林的寄生虫窒息了树木。女人不过沦为过度炫耀财富、貂皮、毛丝鼠皮以及一切过于奢侈材质的摆设。繁琐的图案，层层叠叠的蕾丝、刺绣、薄纱、荷叶边令人无法呼吸；它们让女人沦为象征浮华艺术的纪念碑。"

尽管香奈儿已经从一个帽子商变成了服装设计师，从一个孤儿院长大的小姑娘变成了一个自食其力的新女性，她不再是某一个富有男人的包养女；虽然她已经用自己的天赋和设计赢得了人人为之喝彩的社会地位，但是这样的地位对于野心勃勃的卡柏男孩来说完全没有丝毫的吸引力。

卡柏男孩深爱她，并且尽最大可能去支持她成为自己；但是他从来没有承诺要与她结婚。他曾经因为香奈儿抱怨他没有送过鲜花给她，他就连续三天每半小时送一次花给她，让她彻彻底底觉得烦了，来证明幸福并不是这样只有仪式感的形式。

1918 年夏天的时候，卡柏男孩和贵族出身的戴安娜低调地结婚；而不是在别人看来与之般配的香奈儿结婚。戴安娜的贵族血统给卡柏男孩的社会地位是香奈儿所不能给予的。这一年香奈儿剪短了头发，设计出全世界都风靡的小黑裙。她说年轻真好，年轻可以无惧爱人与别的女人结婚，年轻可以剪短头发重新做一个自己，一个独一无二的自己。

卡柏结婚后依旧和香奈儿来往，不过悲剧即将来临，只是香奈儿没有感觉到，卡柏 1919 年 12 月 22 日因车祸去世。香奈儿当天就赶到了出事现场。更让人不可思议的是卡柏即使去世了依旧用财产支持香奈儿扩大自己的商业王国。他的遗嘱里，他将大部分财产留给了妻子和女儿，约 70 万英镑，给香奈儿 4 万英镑。卡柏男孩对金钱的分配更能说明他真是一个人见人爱的好男人，一方面给妻子女儿留下大笔财产，另一方面给香奈儿留下的钱表面上不多，但是足以证明他心里有香奈儿，并且他早已明白香奈儿完全靠自己的生意就能顽强地生活下去！

香奈儿不仅扩大了康朋街服装店的生意，而且还在巴黎郊外买了一栋名叫“绿色气息”的别墅。更让人不可思议的是这位卡柏的遗孀戴安娜终生都是香奈儿最忠实的客户。更神奇的是戴安娜第二任丈夫的同父异母的哥哥西敏公爵后来还和香奈儿相爱并一起生活了十年时间。

卡柏男孩的死让香奈儿痛不欲生，但是尽管痛苦却依旧要让自己活下去。不仅仅要活下去，还要得到爱。法国诗人皮埃尔·勒韦迪出现在香奈儿的生命里。

皮埃尔·勒韦迪是一位崇尚苦行僧生活的诗人，他信奉：在饥寒交迫下创作。似乎他注定一生都与财富无缘。

勒韦迪教会了香奈儿用诗歌的方式创作，写下自己的所思所想，这也使香奈儿日后写出许多时尚的名言警句，其中今天大家耳熟能详的“即使生来没有翅膀，也不能阻挡你的飞翔”“真正的大度，是接受忘恩负义”“奢华是满足生活必需之后的一种不可缺少的存在”等名句。香奈儿总是孜孜不倦地自学，什么都一学就会。尽管如此，勒韦迪并没有流连于香奈儿的温柔之乡，他 1925 年就离开巴黎隐遁于索莱姆修道院，在清净苦修中潜心创作，1927 年他曾经短暂地回到巴黎，然后再次隐遁索莱姆，直到 1960 年去世。香奈儿曾经援助过勒韦迪，请他帮她改写她的创作，他刻意保持他的独立与尊严。他们俩相互欣赏钦佩彼此。在勒韦迪送给香奈儿的诗集中，有他写给她的卷首语：亲爱的可可 / 光阴流逝 / 岁月留痕 / 时光荏苒 / 我在昏暗的生命中迷失了轨迹 / 重拾起 却比黑夜还暗 / 唯一让我更加清醒的是我用我整颗心拥抱过您 / 未来何去何从 / 我毫不在意。

香奈儿一直珍藏着勒韦迪送给她的诗集，她推崇他的诗歌才华和艺术，哀叹他的籍籍无名。也许是受到诗人的启发和影响，勒韦迪主张一个艺术家要保持一份超然的清醒，去抓住那种惊鸿一瞥的灵感：虽然看不见摸不着，但是它却真实地存在。香奈儿也说："时尚不仅仅存在于服装中，更弥漫在空气里，时尚乘风而来。"诗人空灵的气韵深深影响了香奈儿，就在这一段时间里的 1920 年，香奈儿遇见了调香师恩尼斯・鲍。这位调香师是香奈儿的未来的情人狄米崔大公介绍给她认识的。

恩尼斯曾经是俄罗斯沙皇的宫廷调香师，他刚刚经历了第一次世界大战；他根据香奈儿的要求，设计出一款属于女性的香水，他将天然的原料和合成原料完美地融合在一起。香奈儿要他调制出一束抽象的花，其中包括：格拉斯茉莉花、橙花、茶油树花、五月玫瑰、檀香、波本香根草，最重要的是一种新的化学成分乙醛。香奈儿用自己最喜欢的 5 号占卜牌来命名了这款香水。就像占卜纸牌上写的：当你看到根深深扎入泥土里的树，预示着你永远健康；如果有很多树，预示着你的目标即将实现。

也许是卡柏在天之灵的眷顾，香奈儿这款命名为“香奈儿5号”的香水，甫一面世，就像一个神话诞生，它超过百万瓶的销售量，给香奈儿创造了数以万计的财富，而且使她的名字变成了一个品牌得以永存，她也和香水一样名声传播全世界。

狄米崔大公不仅仅给香奈儿推荐了调香师，他本人也成为了香奈儿的情人；不仅仅如此，大公的姐姐玛丽亚还给香奈儿当起了刺绣女工，她绣出来的图案成了1922年香奈儿春季时装发布会的最主要的款式。玛丽亚后来雇佣了50多个人开了自己的刺绣工厂，女大公和孤儿院长大的籍籍无名的小村姑开始了合作。真是风水轮流转，时尚生生不息。女大公默默观察，她看到香奈儿如何从过去的事物中找到灵感化成自己的设计，她的设计又如何变成一种商品创造实实在在的财富。潮流来来去去，女大公用永不褪色的金线和银线重新绣出新的花样，当然是香奈儿设计和要求的花样。女大公需要创造出一片新的天地，香奈儿也需要创造一片新的天地。

一方面是事业渐入佳境，另一方面身边的爱人情人都离开了自己。

最爱的人结婚的女子不是她。

她说与其在意别人的背弃和不尊重，不如经营自己的尊严和美好。

如果用今天的眼光看来，她的情商如此高——虽然没有赢来情人的忠诚，但是她和这些情人就像知己一样忠诚于彼此之间的友谊和支持。他们甚至到死都保持着对香奈儿的支持，以及对他们之间关系的缄默。可以说，香奈儿还是最终赢得了这些男人的尊重和关爱。

香奈儿对工作的狂热，她的天赋，她独特新颖的设计，她的远见卓识，精明勇敢，不单单在女性中鹤立鸡群，就是置于男性的世界也是独一无二的。

内心的孤独与不安全感，让她变得更加的孤傲；事业的成功让她变得自信。唯如此，在爱情中，她变得更加的自由和追随自己的内心，而不考虑政治的正确。尤其是在二战期间，她和德国纳粹军人的同居生活更是让她名誉都有了瑕疵。

就像她自己所说：我们所有的不幸，情感的、社会的、道德的都源于我们什么都不肯放弃。当她 1953 年躲过二战后法国对纳粹分子的肃清运动，72 岁的时候她重新挑战了自己和世界，她重新回到自己的工作现场，她开始了时隔 15 年的时装秀。她亲自设计裁剪缝制时装，她亲自挑选百名模特，她一直修改直到最后一刻。对工作极端地专注和投入，决不容许自己工作中的瑕疵，最终成就了了不起的香奈儿。

可以说香奈儿终生都在逆风飞翔，小时候是从社会底层奋斗到社会的上层，工作和爱情占据她生命的全部；到了别人早就退休的晚年，她却开始了新的奋斗。对于别人来说，晚年意味着卸下生命的负担、工作的责任尽可能地享受晚年的时光；对她来说，却是抓住每一次际遇，上演一场王者归来。

1953 年的时装回归秀，遭到了英法媒体一边倒的报复性的攻击，甚至她的外表因为显得比同龄人年轻都被媒体嘲讽。但是，就像任何一位具有巨大争议的人物一样，她及她的设计却在美国受到了前所未有的称赞和传播。美国杂志说她是一位伟大的时尚设计师，阔别多年，依然匠心独具，技艺从未倒退。

1955 年，她发布了手袋，2.55 金链系列，把女人的手解放出来。

1956 年，她在法国《时尚》杂志推出一套白衬衫搭配干练黑色外套。再次充分展示了自己对颜色对服装对女性深刻的理解。她明白女人的真实渴求，并且一直给予女性自信与优雅。

1957 年，她获得了美国“时尚杰出贡献奖”。香奈儿骄傲地说：“我身体里住了一个少女的心，即使 100 岁，我也充满斗志和活力。”

在现实生活中，她设计的服装得到了美国从肯尼迪夫人到娱乐明星们的疯狂喜爱和推崇。

与此同时，她设计的产品被人抄袭，她却把这些看得非常淡然，她说与其坚决维护，不如不断创新。“来我的店里，你可以把我的创意偷走。”“抄袭和仿效是对我成功最大的认可和奖励。”她总是利用每一次的事件把自己和产品推到一个新的高度。她不仅具有天才的设计能力，同时也拥有天才的经商能力。她说时尚不是永恒的艺术品，时尚常常消亡并且迅速消亡，由此商业才能得以继续生存下去。只有成功的商业，才能把时尚践行；所以，她才有底气说：“我的兴趣不是为了几百个女人设计服装，我要使成千上万女性穿出美丽。”她还说：“服装必须被人们穿出来，而不是用来展示特权的级别。”

与她随时都会碰上巨大的诱惑、危险和脆弱一样，孤独地工作与生活，也练就了她一颗坚强的心、骄傲的灵魂和强健的身体。

香奈儿是一个精益求精的完美主义者，她对设计裁剪，乃至所有的细节都一丝不苟，常常在模特身边站几个小时调整细节。在晚年的时候，有些人还以此攻击她是一个同性恋者。

她说她所有的时间都拿来工作和恋爱，没有时间让自己感到枯燥乏味。面对攻击者，她说：我没有时间讨厌你！因为我正走在创造属于自己生活的路上。

在她去世的时候，美国《时代》杂志评估她的个人资产总值为 1.6 亿美元，而她自己长年累月住在酒店的套房里，她终生未嫁，从来没有自己的家。香奈儿致力于女性为了自由、自我穿衣服的价值理念在今天都有非常直接的现实意义。如果香奈儿穿越到现在，看到某些女性为了博出位无所不用其极，违背她的一贯主张，她一定会奋起反抗的。以她的性格一定设计出更好的时装，选出最好的模特，召开盛大的发布会，让全世界的女孩都看到她的设计，领悟她的精神。

女性的自我独立自由是多么重要！

如果你没有翅膀，就不要阻止翅膀的生长。

就像她对女孩子们说道：“一个女孩应该拥有两种清晰的认知：她自己和她想成为的。”

“最适合你的颜色，才是世界上最美的颜色。穿着破旧的裙子，人们记住了裙子；穿着优雅的裙子，人们记住了穿裙子的你。”

“留下第一印象非常重要，因为你没有第二次机会了。”“人们总是谈起身体的保养，但是精神的保养在哪里呢？美容应该从心与灵魂开始，若非如此，化妆品并没有任何作用。”

“ 简朴并不是赤脚或是穿木鞋走路，简朴源自精神，相由心生。”

“你二十岁拥有一张大自然给你的脸庞，三十岁是生命与岁月塑造你的面貌，五十岁你会得到你应得的脸。”

“每一个女孩都应该做到两点：有品位并像明星一般耀眼。”

香奈儿一生都在得到和失去爱，她从开始进入时尚界就一直住在酒店里，她没有家，没有自己的孩子。所以在晚年，当她富可敌国，并且建立了巨大的名声和社会地位，她却说：“过简单的生活，有丈夫和孩子——和你爱的人在一起，这才是真正的生活。”“不被爱的女人不是真正的女人。”“真正美丽的眼睛，属于那双温柔注视你的眼睛。”“恋爱的终点，是独自离开。”

孤独锤炼出她的个性，让她拥有极端冷酷又傲慢的灵魂和强健的身体。她的一生都在坚持和抗争——从那些不可能中创造出不一样的可能，打破所有的阶层壁垒，打破性别的界限，打破人生年龄的局限，创造了属于她自身的无限可能。

对世界和人性的未知始终怀着巨大的热情

每一个超级成功的人都会有自己的至暗时刻。

阿加莎也有这样的时刻。

好不容易熬过第一次世界大战，好不容易在1920年出版了《斯泰尔斯庄园奇案》。这部作品曾经六次被拒，终于出版了，虽然只得到了25英镑的稿费。后来她又出版了多部作品，1926年出版的《罗杰疑案》让她从默默无闻到真正得到注视。小时候，她曾经跟姐姐打了一个赌，那就是自己长大后一定会成为一名优秀的作家。她开始接近这个目标了。

经过多年的努力，好不容易生活越来越好了，收入越来越多了，她买了人生中的第一辆小轿车。还和当飞行员的先生去了美国夏威夷旅行，成为第一批在夏威夷学习海上滑板的英国人。一切都是那么完美。

前一分钟的人生好到你不敢置信，紧接着就像掉进了地狱，受苦又受罪。

一次磨难，又一次磨难，仿佛命运一次次考验她的承受能力。

最开始是母亲去世，刚好三个孩子中，只有阿加莎的时间合适。她一个人回到从小长大的老屋，处理母亲去世后的事宜。因为母亲不在了，老屋也将出售。

阿加莎一边是无法说出的心痛悲伤，一边还要收拾整理老屋的东西，向童年说再见。阿加莎已经 36 岁了，人生的酸甜苦辣早已经品尝过了，人生悲欢离合她已经读懂，失去就是永远失去。一方面是心情压抑沮丧悲伤无助，另一方面每一天还要工作七八个小时，身心疲惫；而她的丈夫阿奇博尔德沉迷于高尔夫球场，跟年轻的女孩出轨，不但毫不掩饰，而且还铁了心和她离婚！她知道他很爱他们的独生女，提出不如双方冷静一年再说，希望丈夫回心转意。不料丈夫拒绝，就连孩子都说：“我知道我爸爸很爱我，他只是不喜欢你了。”

小孩子的话是如此真实而且残酷。是的，曾经的喜欢已经没有了，曾经的深情也消逝了。

那个从小就聪明可爱的她，那个善解人意的她，那个年轻的时候既有才华又有颜值的她，曾经有多少家世优渥的男人仰慕的她。绝对没有想到她所要经历的人生之苦。

她还记得自己幸福的童年，相亲相爱的父母，他们懂得如何教育自己的孩子。从小充满活力而又智慧的妈妈总是有许多奇思妙想，把姐姐哥哥送去正规的学校上学，而妈妈说要保护她的视力，希望她八岁之前不要学会认字。她太喜欢听大人们讲故事，不知不觉学会了认字。不到十岁，她就写了第一首诗歌，还会和自己的玩具布娃娃们一起讲故事。在家里她阅读了大量的文学名著，她最喜欢狄更斯的小说，尤其是《双城记》，看了很多次。11 岁那年爸爸突然病逝，家里没有了主要的经济来源。刚开始妈妈要把这座花园似的别墅卖掉换成一套小型公寓，因为花园别墅的维修费用太贵了，但是三个孩子都不愿意，妈妈经过一番挣扎最后还是留下了花园别墅。那时候为了节省全家的开支，姐姐很快就出嫁了，一家人都为了留下老屋子而努力。就在那时阿加莎开始了小说创作，希望有一天能够用稿费版税来贴补家里的开支。

就是在这样艰难的条件下，妈妈也没有放弃对她的教育，她在巴黎学习了声乐，虽然嗓音很不错，但是对表演有恐惧症的她，最终放弃了声乐的学习。这也可以解释后来她有了世界级的声誉，但是依旧刻意保持低调的原因。不到 20 岁的她陪母亲在埃及开罗疗养开始了她的社交生涯。她个性聪颖，善解人意，酷爱阅读。在母亲的鼓励下，她开始了第一部长篇小说的创作。就在这个阶段她认识了阿奇博尔德·克里斯蒂，阿加莎的母亲坚决反对他们之间的交往，她对女儿说，他招蜂引蝶，他是一个狠心人，不要被他外表的帅气吸引了。热恋中的阿加莎根本听不进母亲的话，而且选择在圣诞节这一天匆匆忙忙办理了结婚，因为世界第一次大战爆发了。丈夫很快上了战场，而她参加了英国红十字协会当了志愿者，在战地医院当一名医护人员，不久就考取了专业药剂师资格证书。

父亲早逝，家庭中遭遇的变故，战争，都没有压倒她，都不曾让她痛苦，只是激发她更努力向上不服输；但是为什么经过这么多年的努力，好不容易有了更好的局面，丈夫却不再喜欢她，而且要狠心离婚，偏偏还是她母亲去世的时候。当年的老屋花园别墅就要卖掉，父亲母亲都没有了，身边安慰的人都没有一个，而自己的女儿那么小，孩子是不会伪装自己的。唯有孩子说的话才如此真实刺耳。阿加莎不知道自己做错了什么，为什么丈夫这么狠心地坚决地要与她离婚。

阿加莎的内心是多么痛苦多么无助啊！

她曾经认为：“一个女人所需要的伴侣是靠得住的，她可以依靠他，尊重他的判断。每当有难以决断的事情，都可以放心地交给他去处理。”

此时此刻，此刻此景，阿加莎一定希望自己没有遇见这样的丈夫，甚至希望自己永远地消失掉。

1926 年 12 月 3 日夜晚她吻别女儿后就失踪了。

阿加莎的失踪，引起了公众巨大的关注，报纸连篇累牍地报道，英国警方出动了 300 多位警察和警犬，甚至也出动了飞机搜索。因为阿加莎自己驾驶的小车停泊在一个荒凉的地方，车子里还有她的大衣。有的人说她故意失踪为她的小说造势，有的人说她已经自杀了，有的人说是她的丈夫害死了她。甚至当时全英最著名的侦探小说家、阿加莎也喜欢的柯南道尔也根据案情做出了预言：“克里斯蒂绝不会自杀，我相信她在一个月内就会出现在广大读者面前。”

在阿加莎失踪 12 天的时候，有人发现她在一家酒店住宿，化名丈夫的情人的名字。当她被接出来时，她已经完全失忆，她被送进医院治疗。

1928 年，38 岁的阿加莎和丈夫离婚。

个人的悲剧成为公众的焦点，个人的痛苦成为大众的茶余饭后的谈资，个人的隐私成为报纸的热点。一个更加坚强更加睿智更加懂得人间善恶的新的阿加莎就要磨炼出来了。

对丈夫她有了自己清醒的认识，在生活中，唯一能让你伤心的人只有你丈夫，因为再也没有人比他更亲近了。与他每日相伴，依赖他，被他影响，这就是婚姻。她决定从此不再让自己受任何人摆布。

在人生的逆境和低潮中，她发现了朋友也是一样：有的人当你有困难的时候，他们会避之不及；而有的朋友却在困难中送上安慰和鼓励。她说朋友也分为忠犬和叛鼠。

对新闻记者大众她有了更清醒的认知和界限。

这场风波就是她的换羽期，就是她新的一次成长，所有所有的一切都将为她打开一个崭新的世界。只要熬过这一次，所有的苦都是为了照亮以后的路，所有的痛都是以后皇冠上闪亮的钻石。与其在意别人的背弃和不善，不如经营自己的尊严和美好。

后来很多年，似乎每一个人都可以说阿加莎对自己的才能有清晰的认知并且善加利用，懂得选择和坚持。其实年轻时候的她并不是每一件事都是成功的，就是因为有这么痛这么彻彻底底的伤害才会有这么深刻的领悟。

阿加莎说：“在所有品行中，我最推崇忠诚。忠诚和勇敢是人类两大优秀的品德。任何形式的勇敢，无论是体力的还是精神的，都使我满怀敬意。这是生活中最重要的品德。如果你要生活，就不能没有勇敢，这是必不可少的。”

一切都有最好的在等待她，她配得上更好的陪伴。

离婚后的她，刻意离开英国，去一个没人知道她的地方整理自己的情绪，重新开始。

在旅行中，在伊拉克，她遇见了青年考古学家马克斯·马洛温。

就像她自己后来写到，一个人能参与到自己毫不知情的某些事情之中，正是人生最吸引人的因素之一。

天性崇尚自由又渴望宁静的生活，既博学多才又善解人意，尽管马克斯比阿加莎小 14 岁，但还是被阿加莎成熟的独立悠然的气质所吸引，在马克斯的眼中，阿加莎是如此充满魅力，他说：“她会成为我一生最美丽的伴侣。”

1930 年 9 月，阿加莎勇敢地嫁给了马克斯。虽然当时阿加莎的姐姐比较担心，因为马克斯是阿加莎外甥的同学，年纪阅历都不同。但是马克斯和阿加莎终生都非常恩爱幸福，正如阿加莎的一句玩笑话：“如果你嫁给一位考古学家，你越老，他会越爱你。”

的确如此，他们从此以后相得益彰比翼双飞。

阿加莎在此之后迎来享誉世界的名声，用她勤奋努力的写作方式。

她首先塑造了一个新的人物形象，那就是生活在乡间的一直未嫁人的简·马普尔小姐。马普尔小姐待人亲切友好，却从不轻信别人，她有一句口头禅：人性到处都一样。她破案的线索都来自于生活中的各种细节，咖啡馆里的闲言碎语都会成为她破案的突破口。阿加莎离婚后的1930年出版了《寓所谜案》，一面世就成为了畅销书。尤其是她新塑造的马普尔小姐迅速成为家喻户晓的侦探能手。

阿加莎在这之前主要是以英国德文郡一带的地理范围写作，在特定封闭的环境中展开故事的描写，而凶手也是几个特定关系人之一，开创了一种乡间别墅派的写法。

她远离人群，多数时间不是在阅读就是在构思写作，还有就是陪着丈夫去探险考古旅行。写作的题材大大丰富了，一种英国以外的写作范围诞生了。

紧接着在1934年以她旅行地伊斯坦布尔为起点创作的《东方快车谋杀案》让阿加莎成了全世界都知道的侦探小说家。

可以说马克斯·马洛温和阿加莎的考古旅行，大大丰富了阿加莎的视野，从此，阿加莎的写作充满了异域的文明风光，再加之阿加莎塑造的波洛有38部长篇小说，还有20多部中短篇小说，大部分都是她1928年后写成，其中《东方快车谋杀案》《ABC 谋杀案》《尼罗河惨案》都充满了浓浓的异国风情。无论是题材的新颖，人物的刻画，还是其中展现出人性的光明黑暗都是如此让读者难以忘怀。

阿加莎的作品有主要人物以波洛为主的所有 38 部小说，以马普尔小姐为主要人物的 14 部长篇小说，还有就是以一对英国间谍夫妻汤米、塔彭斯为主要人物的 5 部，别的业余侦探悬疑有 18 部。可以说阿加莎从 1928 年以后直到 1976 年去世为止，她一直在不间断地写作，是一个从未放弃自己理想和目标的人。

可以说阿加莎对自己笔下的人物尤其是侦探主角充满了妈妈似的热爱。从来没有一个作家像她这样完美地陪伴自己作品中的人物成长到离开。1975 年她出版了献给马克斯的关于波洛的小说《帷幕》。在这个小说中，波洛作为侦探却第一次也是最后一次犯罪，这是波洛的最后一案。波洛的死就连美国的《纽约客》都发布了讣闻。她去世后，1976 年出版、献给自己女儿的关于马普尔小姐的《沉睡的谜案》，这也是马普尔小姐最后一案。至于汤米、塔彭斯，作为阿加莎创作中十分钟爱的二位人物，从他们俩初次登场的《暗藏杀机》（1922 年）、再次联手的《同谋者》（1929 年）、已有儿女的《密码》（1941 年）、儿孙满堂的《煦阳岭的疑云》（1968

年）、收山之作的《命运之门》（1973 年），一路写下来。

不得不佩服阿加莎对自己作品从一而终地热爱和笃定，她是如此自信于自己的创作，又如此游刃有余地让他们出场和离场。一切结局都是如此让人不敢相信，但是似乎一切又早已注定。

阿加莎不愿意重复自己，从把写作当成兴趣爱好到成为职业作家，作品渐渐畅销，她都致力于写作的创新。例如用一首童谣作为引线的《无人生还》，首次开创了孤岛模式；《ABC 谋杀案》开创了无界限杀人；《死亡终有时》写的是古埃及悬疑小说……可以说阿加莎的小说读者不分年龄不分性别不分职业不分阶层。无论英国女王、美国总统、作家、专家还是普通大众都不约而同地成了她忠实的读者。甚至很多人是读着她小说而成长起来的，尽管现在的侦探小说家越来越多，但是迄今为止还没有谁能够代替她，更不要说超越她了。

阿加莎除了勤奋，最重要的是天赋。她写过很多其他的作品，比如出版过诗集《梦幻之路》（1924 年）、《诗集》（1973 年）；阿加莎还以玛丽·维斯特麦考特的笔名发表过 7 部长篇言情小说；1946 年出版《情牵叙利亚》；1965 年出版的儿童文学《伯利恒之星》……阿加莎给我们展示了一个天才的作家似乎不受任何题材任何形式感的限制。第二次世界大战期间，她白天在医院药房做志愿者工作，业余有空马上抓紧时间写作；在二战期间，她写出了好几部作品，其中一部《阳光下的罪恶》就给人非常的力量和信心。

可以说阿加莎对写作的激情勤奋再次为我们证明了：精诚所至金石为开。

1950 年她写的《三只老鼠》后来被改编成《捕鼠记》，直到今天都还在全世界各地上演。她被称为“侦探小说女王”，她的侦探小说是全世界销量最多的侦探小说。她的每一部小说都再现了恶的毁灭和善的胜利。这也是她的作品经久不衰深受读者喜爱的根本原因。

可以说她活得久，爱得久，写得久。她充分地展示了她的作品把世界上最远距离的人联系在一起的巨大力量和热情；因为她对世界和人性从未放弃探索和理解。她时而化身波洛，时而化身马普尔小姐，时而是汤米……她把人性的美好和丑陋尽显笔端。在作品里她写到，正义的天平也许偶有偏差，但终将回归正义；人可爱多大年纪都是可爱的；任何美的东西不再存在，对世界都是一项损失。她的作品从来不回避人性的复杂易变，她绝不会为某类人找到宽恕的理由，她写到：生性懦弱而又心地善良的人，往往最容易背信弃义；一旦他们对生活抱有怨恨，他们原有的一点点儿德道力量便会被怨恨消耗殆尽；单纯的善良最易变质。她写出了人生的无奈：有时越想把一件事情搞清楚，反而糊涂。再说，这本来就是件糊涂事，一塌糊涂。

她的人生有困境有痛苦，有低潮有逆境，这一切都让她学会了保护自己，学会了远离人群，在安静的日子里享受到创作的快乐和生活的愉快。她留下来的笔记本，一部分是小说的构思、人物的勾勒，一部分是随手记下的日常生活开支。她的写作和生活如此紧密地联系在一起，生活中她无时无刻不在为写作而思考记录，另一方面她自己的生活又是如此井然有序。

不得不佩服，世界上很少有女作家像她这样在 36 岁遭遇人生的艰难困苦之后，从此过上了更幸福更成功的人生。一方面当然是她的天赋，另一方也是她的勇敢和勤奋。只有她悠然地写自己的传记长达 15 年的时间，在她去世一年后才出版。

在自传中，她写道：“我认为人生最大的幸运对我而言莫过于有一个幸福的童年。我的童年幸福而快乐……

“对我而言，人生是由三部分组成的：乐在其中又时时充满享受的现在，总是以飞快的速度转瞬即逝；模糊而不确定的将来,可以为它做任意数量的有趣计划,越不着边际越好,既然必定事与愿违，不妨享受一下计划的乐趣；第三部分是过去：记忆和现实是一个当前生活的基石。一种气味、一座山丘的形状，一首老歌，都会突然间把你带回从前——这些事情会让人带着难以名状的快乐脱口而出：‘我记得……’这是对上了年纪的人的一种回报，当然是一种令人愉悦的回报——这就是记忆。”

阿加莎通过自己的努力，让自己的人生完美地回到幸福的轨道上来。

她用她的故事告诉我们：每一个有天赋又勤奋的女性都可以遇见自己的幸福，只要你勇敢地前进。

亲爱的你，现在就开始做自己想做的吧!

阿加莎一定会为你祝福的。

雷霆闪电贫穷都无法限制我发现这个世界的心

玛丽·安宁，今天被称为恐龙猎手；还被称为全世界迄今为止最伟大的化石采集家。更让人惊讶的是，玛丽·安宁从来没有接受过正规的学校教育，出生于一个贫穷甚至是极度贫穷的家庭。今天我们回顾玛丽·安宁的成就，给当下那些出生平凡普通家庭的孩子会有更积极的向上意义；也给那些时时刻刻焦虑不能读名牌大学的人带来另外的视角。玛丽·安宁靠着自己热忱刻苦钻研的精神，取得了比当时很多专业人士更了解化石和古生物的认知。正是因为她的发现，给史前生物灭绝提供了证据。

随着时间的流逝，玛丽·安宁的工作越来越被今天的人们所了解、承认、佩服和传播。

玛丽·安宁出生在英格兰南部海岸小镇莱姆里吉斯，这里现在是英国著名的假日旅行地。早在玛丽·安宁出生之前，这里就以拥有研究价值很高的化石而出名。这里是英国古生物学家的圣地，莱姆里吉斯周围的山丘上裸露着侏罗纪的蓝色里阿斯石。在这条约为 12 英里的蓝色里阿斯石海岸，封存着大量的侏罗纪海洋动物的遗骸。

有时候，我们会从很多不同地方看到一个人成长的痕迹。

最先出现痕迹的记录者居然是简·奥斯丁。莱姆这个小镇第一次出现在小说里是简·奥斯丁写的《劝导》。在写小说期间，简·奥斯丁写给家人的信中提到当地一个姓安宁的细木工。这个手艺人十分精明，技艺也非常精湛，但是一家人还是难得温饱。

作家信中的手艺人安宁就是玛丽的父亲，更凄惨的是玛丽 44 岁的父亲在玛丽 11 岁时就因肺结核病逝了。他在世的时候除了做木工活，还喜欢寻找化石，因为当时欧洲许多有钱人家也像集邮一样收集化石，寻找到化石也可以为玛丽的父亲带来一定的收入。

玛丽从小就是一个带着神秘色彩的孩子，她 18 个月的时候，被人抱着去看马戏时，遭遇了一场雷击，当时抱她的人和一起去的几个人都被雷击而亡，她却奇迹般地活下来。父亲的病逝，令只有 11 岁的玛丽为了活下来，和她的哥哥约瑟夫继承了父亲教给他们的谋生手段——在悬崖陡岸中寻找化石卖给游客。从那时开始，对于玛丽来说雷电暴风雨都是工作中的一部分，就像她自己所说：雷霆闪电伴随我的一生。

1811 年，这是玛丽人生中最有意义的开始。刚开始是玛丽的哥哥发现了他认为是鳄鱼头的东西，他挖到了一米多长的头骨。通过几个月的小心翼翼艰苦地挖掘，玛丽发现了其余 60 块椎骨，最终他们挖到了一具 8 米长的化石。

实际上这是一只鱼龙化石，它有 2.5 亿年的历史！

它是存在于《圣经 · 旧约》诺亚方舟拯救动物故事之前出现的动物。在当时，生物灭绝的概念非常具有争议，很多人都是按《圣经 · 创世纪》来理解生物的来源和产生的。所以当时化石就带着很浓烈的神秘色彩。为什么这些被封存在厚厚岩石中的生物与活着的生物有着巨大的不同？当买下这具化石的人还在猜测化石的名字，而玛丽却在艰苦地继续挖掘。

这十年间，1823 年，她发现了史上第一具蛇颈龙化石，蛇颈龙曾经生活在遥远的三叠纪。就连当时最著名的法国古生物学家居维叶都不相信它是真的，认为是玛丽伪造的。直至英国的地质学家康贝尔为玛丽的发现而辩护，并证明它的脖子确实有 35 块椎骨，居维叶才承认自己错怪了玛丽，并且宣称玛丽的发现是一项重大的发现。

紧接着 1828 年，她发现了英国第一只翼龙化石标本。

玛丽一生发现了很多很多奇妙的化石。这些发现一方面是得于玛丽·安宁艰苦卓绝不怕困难危险的心态和训练有素的工作历练。挖掘工作如此紧张危险，每天都要在一片潮汐之下寻找化石，而且必须在悬浮的岩石压碎之前，在潮水回归之前，迅速移走，所以才可能看到这么多种鱼龙、菊石、头足类化石。除了现场采集化石的本领外，玛丽·安宁也自修成为了一名真材实料的古生物学家。她如饥似渴地学习地质学、古生物学、解剖学和科学插图。她通过多年来的实践和阅读，已经拥有了丰富的科学知识。每发现一块化石，玛丽·安宁都能立刻知道它的种属。她利用水泥将化石骨架固定在一个框架上，然后在图纸上描绘下来。

玛丽还具有一种敏锐的直觉判断力，这一方面是天赋使然，另一方面也是日积月累的自我修炼的结果。比如现在被称为“黄牛石”的东西，实际上就是古代灭绝动物当年的粪便或者粪便化石。玛丽第一次发现长在鱼龙肠道里的黄牛石就有了这样的判断。直到今天，古生物学家也是通过研究粪便来研究灭绝动物的饮食习惯。

尽管玛丽·安宁 20 多岁就闻名学术界，很多男性学者依靠她的发现，获得了本来应该属于玛丽的声誉。她的发现成为地球过去生物灭绝以及进化论的关键。但是现实生活中的玛丽却从来没有富裕过，甚至常常陷入赤贫的状态。辛勤工作吃苦耐劳并不能保证衣食无忧；但是这样的敬业精神素养一定会赢得更多人的发自内心的尊重。1830 年，她的好朋友，地质学家贝切根据玛丽发现的化石，绘制了水彩画《远古时代》，这幅画描绘了侏罗纪时候的多塞特郡海岸的情景，幻龙、鱼龙的猎食场景、空中还有翼龙在飞舞。他把这幅画印刷成图册，收益都给了玛丽。巴克兰游说英国促进学会，每年给玛丽・安宁 25 英镑的年金。1846 年，她患乳腺癌无法工作的时候，伦敦地质学会为她筹集资金。1847 年，她因乳腺癌去世，终生未嫁。

1865 年狄更斯在一篇文章中描述了玛丽的生活和她吸引人的性格。他说玛丽・安宁有一种高度的直觉，没有这种直觉，任何人都没有希望成为一个好的化石采集家和收藏家。

玛丽・安宁多次出现在不同的书籍中，在小说《法国中尉的女人》中，她开的化石商店里的标本，成为男主角查尔斯梦寐以求想买回家放在伦敦书房里的珍品。在《神奇的造物》中，玛丽真正活了起来。在 2013 年出版的《化石女猎人：恐龙化石、变革起源，一个女人用她的发现改变了这个世界》，这一次玛丽·安宁是绝对的主角。今天，英国伦敦的自然历史博物馆把她及她的发现作为海洋爬虫类化石馆的重点进行推介，玛丽的出生地莱姆专门建了博物馆，英国皇家地质学会把她和她发现的鱼龙头骨的雕像放在他们的大厅前，还有陪伴她挖掘的狗。熟悉玛丽·安宁的人都知道这只狗也非常著名，1833年，在一次挖掘化石的过程中，因为山体滑坡事故，小狗特雷当场死于滚石。这只小狗曾经陪伴了玛丽·安宁相当长的时光。

当我们重新读到玛丽·安宁的故事，我们对她及她创造出来的奇迹由衷地敬佩，尤其是在今天当我们看到出身贫穷并且终生都不曾有钱的玛丽·安宁，靠着自己非凡的胆识毅力，自修阅读和勤奋苦干，不仅仅在采集方面是一个行家里手，在古生物学、科学史上都取得了卓越的成就，而且随着时间的流逝，人们越来越重新发现她的价值。她用她的赤诚之心打破了大自然及社会对女性的限制，雷霆闪电贫穷都无法限制她的好奇、激情和想象力。正是她的发现改变了科学家对人类历史和物种起源和演变的重新认识。她本人的故事今天更能唤起普通人不甘于平庸的向上之心。

亲爱的你，如果你足够努力勤奋向上，雷霆闪电贫穷也无法限制你的理想和奋斗的心。加油吧！我们。

我一生只有三次见到天才
——玫瑰就是玫瑰就是玫瑰就是玫瑰

“罗斯是一朵玫瑰是一朵玫瑰是一朵玫瑰 / 美丽无比 / 漂亮的长筒靴 / 美丽无比 / 最香甜的冰淇淋 / 记录着花季记录着花季记录着花季 /……/ 多才多艺多才多艺多才多艺 / 充满活力和一个象征充满活力的字眼或赞誉或 / 敬礼敬礼敬礼”

“一个人一些人肯定在追随的人是一个有十足魅力的人。一个人一些人肯定在追随的人是一个有魅力的人。一个人一些人在追随的人是一个有十足魅力的人。一个人一些人在追随的人肯定是一个有十足魅力的人。”

这样的句子一定会给读到它的人留下强烈独特的印象。

就像一幅画，它被强烈直观地表达着一直存在的永远。

这是女作家格特鲁特·斯坦因的作品。尤其是第二段的文

字是她对毕加索重复而又严肃的点赞。就如同毕加索画中的斯坦因立体突出的前额、严肃锐利的目光和自信坚定的内心。两位天才彼此欣赏彼此认同，无论是在毕加索画里的斯坦因，还是斯坦因文字里的毕加索，他们都是如此另类、卓尔不群。

就像每一个人都有自己欣赏信服的人一样，天才们在日常的生活中也有自己欣赏信服的天才。这些天才在见到她之前，除了梦想和才华似乎是一无所有，在见到她之后，赢得了世界广泛的名声，可谓名利双收。

因为她广泛的阅读与见识，因为她睿智的眼光和卓越的鉴别力，她可以很敏锐地发现一个人、一件事情独特的价值。这就是这些男神都欣赏她信服她的原因。

斯坦因自信地评价自己：我拥有这样一种激情，只要我和对方一席谈，我就能发现他们心中的基石，他们如何被塑造成眼前这般模样。这种激情，能够帮助他们改变自己，成为他们应该成为的人！

成为他们应该成为的人，所以她的寓所，成了许多新兴的画家、音乐家、诗人、小说家、戏剧家经常出入的文艺沙龙。她总是乐于助人、诲人不倦。他们是毕加索、马蒂斯、艾略特、海明威、庞德、菲茨杰拉尔德……她的教诲和提携，让他们流连忘返。

在毕加索还在住破木板房的时候，她就持续不断地购买收藏他的作品。1905年，她花150法郎买下的毕加索的《拿花篮的女孩》，在百年后的今天已经拍出了7.32亿人民币的天价，因为画和天才一样无法复制。

在海明威23岁的时候，她已经可以严肃而肯定地指导他学习如何像一个男人一样去写作；他当时就是坐在她的脚边，如饥似渴地倾听她的讲述。就像她随口一说，经历了二战的年轻人，就像“迷惘的一代”，海明威便如获至宝，把这句总结性的描述用在了自己的作品《太阳照常升起》里，影响了一代又一代年轻人。直到今天，年轻人常常都被长辈戏称为：迷惘的一代。

就像每一代年轻人都曾经迷惘一样，斯坦因也有自己的迷惘的时代。当她在哈佛大学求学期间，她跟著名的哲学家、心理学家威廉·詹姆斯（美国著名作家亨利·詹姆斯的兄弟）学习。有一次格特鲁德·斯坦因在威廉·詹姆斯的考卷上写下这样一段话：“詹姆斯教授：真抱歉，我今天实在是一点儿都不喜欢这份考卷。”而对方也这样回复她：“我完全理解你的感受，我自己也常会有类似感受。”在打分那一栏，詹姆斯竟然给了斯坦因满分。这也许可以理解成为一个天才总会遇见充分理解她的天才老师。

就像她自己作品中写的那样，一个人的生活和写作最终造就了一个人的存在和价值。当有些人质疑她作品读不下去的时候，甚至有人嘲笑她的肥胖时，斯坦因自信地书写：美国文学创造了 20 世纪，而我创造了 20 世纪的世界文学。

肥胖又怎么样呢？午夜的巴黎，斯坦因的身边总是围绕着一大群文学艺术家们！在他们眼中，斯坦因是如此聪明智慧有趣。毕加索画她的画，去了她那里八十多次，是真的画不好，还是想多与天才有相处的时间和机会？当毕加索画她的时候，她却在构思她的作品《三个女人》，这也是她的成名作。天才之间的交往总是互为欣赏相得益彰彼此成就。她的作品一扫传统的文学形式感，更多地描述生活中她看到的女性角色，让她们的生活场景客观真实地表达出来，而不是用文字去掩饰生活的黑暗与迷惘、困顿和失败。这样的作品读起来总是不美好而扎心，但是它真实而有力量。

海明威说斯坦因对他自己的写作给予的影响最深，投入最多。海明威说：“我只从斯坦因一个人那里学会了如何写作。”

斯坦因，打破了传统意义上女性的形象，她既不谋生也不谋爱，她轻而易举就取得了自己文学写作的地位。她的性格、她的选择、她的敏锐、她卓越的判断力和远见，似乎让她注定成为一个高瞻远瞩之人，一个给天才们巨大影响力和促进对方向上的先驱人物。

勇敢地做自己，对自己总是能够清醒地认知和坚持，就像她自己写道：“我一生只有三次见到天才，他们是毕加索、海明威，还有我自己。”

如果一个人注定无法平庸地生活，那又何必介意做天才们的女神呢？不是每一个胖女人都能完成这一种人生的成功。

斯坦因不仅仅是20世纪美国文学的标志性人物，对于今天的女性来说，她活出了女性独自与男性存在的意义；她不必锥子脸丰胸翘臀，她不必不吃不喝饿瘦自己，还要健身练出马甲线人鱼线；她不必时时刻刻或酷或妩媚或性感，赢得男人的想入非非。她以自己广博的见识、睿智的思考、敏锐的洞见，有趣热忱的生活，在这些天才般男人们的面前她是人生导师、专业教母、金钱的支持者、还是人生的知己！在他们经历了漫漫人生之路就像斯坦因预见得那样灿若星辰熠熠生辉之后，她是他们最美好最永恒的记忆！而且在记忆中：她永远都是聪明的、有趣的、预见性的、建设性的、温暖的、与众不同不可替代的一个人。这样的人生，夫复何求呢？

我愿意舍弃一切，去拥抱她的天赋

1936年6月30日，对于小说及小说的出版历史来说，有一部打破所有出版纪录的作品问世了，那就是玛格丽特·米切尔写的《飘》。

小说空前畅销，日销售额曾创下了5万册的纪录，年终就销售到140万册。标价3美元的书，被炒到60美元，而当时美国的一家不错的旅店月租费才30美元。1937年，这部小说获得了普利策奖。1949年，米切尔逝世时，《飘》已经被全世界40多个国家购买版权销售达到800万册。被《出版商周刊》评为迄今为止最伟大的美国小说。可以说很多人，尤其是一代又一代的女性是读着《飘》长大的。

《飘》问世不久，就被好莱坞电影公司以当时的5万美元买走了电影版权，电影公司请了数位编剧来改编，就连如今大家耳熟能详的《了不起的盖茨比》的作者菲茨杰拉德都参与了改编剧本；拍摄中电影还三次改换导演，尤其是女主角郝思嘉的扮演者可以说是在当时的英美等国家进行了一轮轮“海选”。1939 年 12 月 15 日首映时，也是好莱坞电影史上最辉煌的见证，仅仅只有 30 万人口的亚特兰大，突然间拥进了 100 万人。这部电影获得了第十二届奥斯卡金像奖最佳影片、最佳导演、最佳女主角等八项奖项，几十年来都是电影院最卖座的电影，1977 年美国电影学会评选的“美国十大佳片之一”，可以说现在看过这部片子的观众数以亿计。迄今为止还没有任何一部后来的电影达到这样的制高点。

今天这部小说，还有这部电影展现出来的故事中的主要人物可以说是家喻户晓。尤其是女主角郝思嘉一诞生就是闪亮出场。电影中费雯丽光彩照人的人物塑造更是与小说原型相得益彰。费雯丽本人也非常喜欢小说的作者米切尔，她认为娇小美丽的米切尔是如此充满神秘感和力量感，这部小说和作者对于她都如此充满吸引力。

小说中的郝思嘉单纯而复杂，她是一个活的美人，她时而清纯时而狡黠时而热忱时而冷漠时而优雅时而粗鲁时而善解人意时而自私刁蛮。在时间的流逝中，我们看见她变得越来越独立、坚强、果断，烟火战争生死离别把她从一个爱撒娇的小女生变成了独当一面的女主人；让她从自私的不食人间烟火的小妞变成了一个坚强的爱家园爱土地的女子；最重要的她还那么美丽光彩照人，她是一个打不死的“女小强”！

不仅男人们喜欢郝思嘉，女人们也喜欢郝思嘉。

小说开放式的结尾为读者留下了广阔的想象空间，尤其是小说结尾处的“明天将是新的一天”成了一句永远的经典励志句子。

米切尔以缓慢的而又坚定的方式诉说着女性独特的力量。

虽然《飘》这部小说的时代背景是美国的南方被北方洗劫殆尽，一切都化为乌有，随风飘去，充满了女性的伤感。但是南方的历史风土人情，那些美好的人与事却被米切尔的小说永远地铭记下来了。

现实生活中的米切尔也是一位俏丽而独立的女性。

现实生活中，一位女作家写的小说畅销后，尤其是小说中的女主角拥有如此广泛的影响力，读者都会情不自禁地把这一个人物和作者联系在一起。

米切尔，1900 年出生于美国佐治亚州的亚特兰大，她有一位饱学多才的父亲。她的父亲是一位律师，曾经担任亚特兰大史学会的会长；她的母亲是一位天主教徒，是一位精明能干的女主人，是父亲最得力的支持者也是父亲精神上的依靠。但是米切尔的母亲不幸早逝，所以米切尔不得不中断大学的学习回到家里当起了管理一家人的小女主人。

米切尔从小就听到祖母讲起很多关于南北战争发生的事情，尤其是亚特兰大被战争中大火点燃的凄惨场景。从小米切尔就被南方各种具有英雄气概的故事深深地打动。

米切尔的感情经历也与小说中的郝思嘉有惊人的相似的地方。

米切尔 18 岁的时候结识了一位青年军官克里福特・亨利少尉。亨利外貌英俊，个性中带着忧郁的诗人气质。米切尔个子娇小，秀气活泼，她被亨利深深地吸引，犹如小说中郝思嘉被卫希礼深深地吸引一样，但是亨利在战场中牺牲了。

米切尔身边从来都不缺乏喜欢的人，有两个男人还是好朋友：一个叫厄普肖，一个叫约翰・马什，但是两个人个性完全不一样，一个狂放不羁、一个温文尔雅。米切尔不顾家人的反对，在 19 岁的时候嫁给了厄普肖，而约翰・马什则成为了婚礼的伴郎。在蜜月期间，厄普肖就酗酒出轨，而且还对米切尔施暴。结婚不到三个月，这段婚姻就结束了。

就像米切尔小说中写的：她从来没有理解过她所爱的那两个男人中的任何一个，所以她，两个都失去了。

厄普肖的冷酷无情，导致这一段婚姻的结束，也给米切尔带来了深深的伤害和屈辱感。

默默爱着米切尔的约翰·马什成为她最坚定的支持者，也是欣赏她、鼓励她、安慰她的最贴心的人了。他不仅在生活中、情感上给予米切尔支持，而且是他把米切尔推荐到《亚特兰大新闻报》当记者，因为他坚信米切尔的天赋和才华完全能够胜任，并且一定会干出好成绩来。

米切尔果真不负其望，小巧玲珑的她干起活来一点儿不比报社的一大帮男人差。她为了写好高空作业者的报道，把自己吊在 60 米的高空体验他们的工作状态；为了写好历史人物，她可以在图书馆查一个星期的翔实的资料。她干得非常出色，以至于报社有人专门为她把座椅各锯掉 7 厘米，免得她脚够不着地面。当报社记者四年里，她以佩琪·米切尔的署名写了 129 篇专题文章，85 篇新闻报道。更重要的是，在 1925 年，她和约翰·马什结婚了。

命运似乎总是在按自己的轨迹行走，米切尔婚后第二年脚受伤，上班不方便，于是她辞职回家。米切尔可以说在约翰·马什这里是一个被深爱的妻子，有着当时罕见的自由。她和约翰结婚后，他们住的房门上一边写着米切尔，另一边写着约翰·马什。米切尔在婚后保留了自己原来的姓氏。可以说就是希拉里也没有保留自己的姓氏，可见当时米切尔的作风非常特立独行。

此时的约翰·马什是亚克兰大一家大型广告公司的经理，每天都是很忙碌的；但是为了米切尔在家里过得有意思，他总是抽出时间去图书馆一次次借书回来给她看。他理解她的苦衷，也懂她内心所想。有一天他给她建议为什么不自己写一本自己的小说呢？他的建议勾起了米切尔童年的梦想，那就是有一天要成为一名文学家。谁知道，年轻时候轰轰烈烈的爱情，风风火火地结婚离婚，感情受伤后拼命地工作以此来证明自己的优秀，把这个童年的梦想不知不觉遗忘在心灵的最深处。

约翰·马什读懂了米切尔，重新唤醒了米切尔的梦想。

当米切尔开始构思写作的时候，作为一名新手，她时而激情四射，时而信心不足。每当情绪低落的时候，都是约翰·马什耐心化解开导鼓励她。因为第一次就写一个鸿篇巨制的小说，背景宏大，米切尔简直不知道怎么下手，约翰·马什就告诉她，想到什么就写什么。的确也是如此，最开始写的章节最后成书的时候变成了最后一章。

在创作这部长篇小说的日子里，约翰·马什白天在广告公司上班，晚上哪里都不去，回家有很多事情等着他。他既是米切尔的第一读者，又是她第一位编辑；既是他的良师益友，又是她的秘书助理。可以说约翰·马什在今天都是爱情和家庭中的楷模。

当朋友问他累不累，他说：我愿意舍弃一切，去拥抱她的天赋！

他们俩多年的努力没有白费，1935年春天麦克米伦出版社的编辑哈德罗·拉瑟姆在全国组稿，到了亚特兰大。有人热心地建议他，米切尔写的长篇小说应该是一部非常不错的稿子。当拉瑟姆找到米切尔的时候，她却拒绝了，因为她不相信南方人对南北战争的看法北方人会感兴趣。但是，就在拉瑟姆离开亚特兰大前一天，米切尔把五英尺厚的打印稿子交给了拉瑟姆。拉瑟姆看了稿子非常激动，7月份的时候通知米切尔要出版，接下来米切尔花了半年时间反复核实小说中涉及的历史事件的具体时间和地点；当然这中间少不了约翰·马什的帮忙。

《飘》的出版让米切尔一夜成名，成了亚特兰大人人皆知的“女英雄”，她所到之处受欢迎的程度比美国总统罗斯福还热烈。但米切尔骨子里是一个喜欢工作、喜欢安静的人，突如其来的声誉彻底改变了她的生活。有人要求拜访她，有人要求她签名，有人要求她捐款，有人要她去演讲……而这样的时候，都是约翰·马什帮她处理这些对于米切尔感到麻烦无比的事情，他还帮她代理各种版权事宜。所以，米切尔写给朋友的信中却说："早知道一个作家的生活是这样，我宁愿不当作家。"也许只有像米切尔才有资格写出这样的信。事实也是如此，从 1936 年到她突然遭遇车祸不幸身亡之间，她都再也没有写过第二部小说。读者出版社影视公司都希望看到《飘》男女主人公的未了的命运，纷纷要求她再写续集，米切尔断然拒绝，认为故事已经"自然而合适地结束"了。可以说，在今天看来，米切尔的坚持具有特别伟大的意义，因为就小说的艺术构造来说，仍是续书者难以超越的。这一点上，米切尔的《飘》可以和曹雪芹的《红楼梦》有一样的效果。

如果没有米切尔就不会有《飘》；但是作为一名女性，很多人一定明白如果没有约翰·马什的爱和理解，就不会有这个独一无二的米切尔。

我无法买到，它是非卖品

这是美国最著名的诗人艾米丽·狄金森大约在 1864 年写的一首诗歌。

在这首诗里她写道：

我无法买到，它是非卖品——
世界上没有第二个
我的是唯一的一份
……

在诗里诗人写到为了找到她失去的它，哪怕走多远的路程耗尽所有的财富都不介意。在今天的我读来，这个非卖品似乎正是艾米丽·狄金森本人的标签。

在今天的女性看来，艾米丽·狄金森是如此另类。

她 1830 年 12 月 10 日出生于美国马萨诸塞州，当时还是小镇的艾默斯特。她 17 岁在祖父创办的艾默斯特学校接受完中等教育毕业后，在离家不远的芒特霍利约克女子学院就读不足一年，即告退学。从 25 岁开始，她就弃绝社交，足不出户，在家务劳动之余埋头写作。

她绝对地遵从自己的内心世界的独立思考并独立行事。在女子学院，她就从当时学校基督教徒老师办的基督教学习班退学，一直到她去世，她都没有加入基督教会。这在她来说一定需要巨大的勇气，因为她的家人都是基督教徒。

当她从 20 岁开始写诗，她并不愿意为了发表而顺应流俗、任人随意修改！她认为：不可使人的精神蒙受价格的羞辱。

正因为如此，她坚持自己的真实抒写，直到她 1886 年 5 月离世，她的妹妹才在她床头柜的一角，发现了她写的 1775 首诗歌。

在生前她只发表过 10 首诗歌，而且还被改得面目全非。她离世后的 30 年内，亲友们整理、结集、陆续出版了她的诗歌。她的诗歌得到了越来越多的人的喜欢和越来越高的评价，直到今天，狄金森不仅仅是美国文学的代表人物，不仅仅是美国人的骄傲，也是全世界读者的珍宝。

狄金森活着的时候，是别人眼中的园丁师。狄金森从小就是在花园里长大的孩子，成年后她还曾经拥有一个温室。她母亲对烹饪和植物花卉的热爱遗传给了她。她精心地照顾花园里的植物花卉，就像她在给霍兰夫人的信中写道：“我们已经到了九月，可我的花仍像六月一样怒放，安默斯特已经变成了伊甸园。闭上眼睛就等于旅行。”在她少女时代就制作了大量的植物花卉标本。她给朋友的信中也常常别上一朵小花。

大自然总是把最美最真实的一面展现给注视它的诗人看见。仔细观察，精心呵护，静等花开。在狄金森的诗歌和书信中，出现了玫瑰、丁香、石竹、旱金莲、洋地黄、秋牡丹、雏菊、风信子……在她留下来的1775首诗里，关于大自然及花草树木，一年四季、日出日落、风雨雷电的就有数百首之多！《蜜蜂对我毫不畏惧》《如果知更鸟来访》《一只小鸟沿小径走来》《有一种花，蜂蜜爱》《没有人知道这朵小小的玫瑰》《小草很少有事可做》《受伤的鹿，跳得最高》《泥土是唯一的秘密》，在她的诗歌里每一棵草每一朵花每一只鸟每一寸的土地，都在她的细心地观察之下有了更特别的自我和存在的意义。所以从

这个意义来说，她的诗歌在题材和象征意义上，具有了永恒的选择和存在的意义。

大自然就是诗人每天阅读的书，在这里她细心观察，细致品味一年四季的变化，日出日落、花鸟虫鱼、风雨交加皆可以为诗歌。

诗人在一首《请回答我，七月》写道：

请回答我，七月——
蜜蜂在哪里？
干草在哪里？
羞红的脸在哪里？

啊，七月说——
种子是在哪里？
蓓蕾是在哪里？
五月是在哪里？
请你，回答我——

嗯，五月说——
让我看雪飘——

让我听风铃——

让我看蓝鸟——

蓝鸟问道——

玉米在哪里？

迷雾在哪里？

坚果在哪里？

年说，都在这里——

艾米丽·狄金森家是艾默斯特的名门世家，她的父亲和哥哥都毕业于哈佛大学，都是当地有名的律师。虽然全家人都笃信宗教，但是也非常包容狄金森的个性。也许唯有这样坚定自己的信仰而又包容别人的信仰的家庭教育才能培养出这样充满个性又具有自我肯定和创造性的孩子。

她还是一位非常有天赋的面包师， 她烤制的面包参加过当地的博览会并拿过大奖；在日常生活中，她是父亲的面包师，她的父亲只爱吃她做的面包。父亲去世后，母亲缠绵病榻，她和妹妹拉维妮亚又是母亲的体贴护士。 在日常的生活中，她更多的是一名负责任的女儿，可敬的姐妹。在日常的生活中，她用心体验生活的滋味。她写道：

我啜饮过生活的芳醉——
付出了什么，告诉你吧——
不多不少，整整一生——
他们说，这是市价。

他们称了称我的分量——
锱铢必较，毫厘不爽，
然后给了我生命全部的价值——
一滴，幸福的琼浆！

狄金森就是在这样的日常中写出了这样的隽永的诗歌。

她没有读万卷书也没有行万里路，却走出一片属于自己名字的世界。在这个世界里，大自然的一草一木都可以成为诗歌，在这个世界里，她的日常的点点滴滴都可以化成诗歌的一部分。在生活中的繁忙与劳累中，写诗成了她最爱最喜欢的事情，劳累一天后的夜晚，是她仔细推敲、认真书写的时间。在她离世前三年，她一身白衣，几乎都不走出自己家的大门。尤其是在 1862 年她一年写了 366 首诗歌，她探索在诗歌的国度里。就如爱默生所说，诗人，代表美的君主，美的艺术目的不是模仿而是创造。她愿意孤独地前行，以诗为伴。

灵魂选择自己的伴侣
然后，把门紧闭——
神圣的多数对于她——
从此再也没有意义——
……

对于我们大多数人来说，年少的时候是充满理想、诗意，还有远方。随着社会化的进程，我们在不知不觉中变成了一个为生存奔波，努力经营的自己，努力融入社会的一分子。我们渴望别人的认同胜过自己对自己的认同，我们很少关心大自然的变化，我们关心别人的脸色胜过自己周围的花草树木日出日落。

一个人如果往外寻找，是可以看到无限的世界；一个人如果向着内心去寻找，也可以感知到一个无限的世界。

在狄金森的笔下，一切都变成了一种属于生命的永恒，她发现每一次日出的不同，她写道："太阳出来了，它改变了世界的面貌——车辆来去匆匆，像报信使者，昨天已经古老。人们在街头相遇，都像有一条独家新闻要报道——大自然的风姿丽质，像巴蒂兹的新货刚到。”我们读狄金森的诗歌就好像看到了印象派的画作，重新发现创造出一种属于文学的美。在这里，大自然和人类社会的进步密切相关，大自然重新赋予了新的色彩和韵味。

在狄金森的诗歌里，一切都是身边所见，一块石头、一朵玫瑰、一只小鸟、一场暴风雨、玉米穗、草莓、蜜蜂、一年四季、太阳月亮……诗人就像她自己写的“我没有时间去恨”，诗人时时刻刻都在观察属于自己的身边的一切。这一切绝不会因为时间的流逝而改变，这一切就像爱一样先于生命而存在，比生命更长久永远。

诗人从不介意自己是一位无名之辈。在她那里，哪怕做一块小石头也是一块快乐的小石头！

小石头多么快活
独自在路上滚着
从不介意荣辱浮沉
从不畏惧危机发生——
他朴素的褐色衣裳
为过路的宇宙所穿上，
像太阳一样独立

成群或单独，都会发光，
以不拘礼的淳朴
履行绝对的义务——

在诗人的眼里小石头也有独自的快乐，独自存在的意义。

在诗人的世界里，爱情在她的眼中也像别的女性一样，爱情的眼睛里只有对方，别的都视而不见了。她写道：“我碎步急走过堂屋——我默默跨出门洞——我张望整个宇宙，一无所有——只见他的面孔！”爱情至于她更多的是诗歌中的倾诉，爱情在她的生活中并不一定是必需，就像她写道：灵魂选择自己的伴侣。爱并不需要日常的相伴，就好像“风从不要求小草回答，为什么他经过，她就不能不动摇……闪电，从不询问眼睛，为什么，他经过时，要闭上——因为他知道，他说不出——有些道理——难以言传——”

在诗歌的世界里，诗人用心去爱与痛，忧伤与离别，记忆与遗忘，时间与死亡……就像她 1862 年 4 月 25 日给希金森信中写到：你问我目前的伴侣——小山——先生——落日——还有一只狗——像我一样大，是我父亲为我买的——它们比人好——因为它们知道——但是不说——池塘里的响声，在中午——比我的钢琴更动听。

她和她的诗歌、通信今天读来是如此让人安静与遐思；就像她自己写的一本书比一艘船航行得更远，不是吗？她的诗歌、她的思想和她本人的存在对于今天我们来说依旧就像我们看到的大自然一样，像夏天雨后，一切都是那么绿意盎然，一切却是如此历久弥新。

就用她的诗歌慰藉我们的人生：希望像只鸟儿，栖在心灵的枝头。

世界以痛吻我，而我报之以歌

1954年，当海明威在诺贝尔奖颁奖典礼接受诺贝尔文学奖时，他却谦虚地说到，得此奖的人应该是那位美丽的丹麦女作家——卡伦·布里克森。

海明威和卡伦·布里克森都用自己的笔描述了美丽广阔的非洲大草原。如果说海明威的《老人与海》是今天享誉世界的作品，那么卡伦·布里克森写的《走出非洲》不仅仅是享誉世界的文学作品，更重要的是卡伦·布里克森自己的故事也是非常具有吸引力。她的故事激励每一个不肯失败的人，激励着那些一无所有、不服输、不甘心失败的后来者。

卡伦·布里克森离开非洲的那一年是她人生中最痛苦的一年，她变得一无所有。一连串的厄运等待着她：她苦心经营的咖啡农场被大火烧了，长年亏本再也无力经营下去；她深爱的英国情人飞机失事，再也不会有自己爱的人陪伴自己；她的婚姻早已名存实亡，丈夫不仅花心无情，更要命的是还把梅毒传染给她，令其终生不能生孩子。

当她回到丹麦老家的时候，苦心经营的一切都没有了，没有事业没有工作没有家庭，也没有丈夫和孩子，就连一间属于自己的小屋都没有。她住在自己母亲的屋子里，那是她童年生活过的老屋。

这一年她已经快 50 岁了。半生归来，又穷又病。

命运的残酷和无常深深地折磨着她。在她 11 岁的时候热衷政治的父亲自杀，并留下了一个难解之谜。接下来她和母亲便过着四处寄人篱下的生活。

她在哥本哈根学习绘画，虽然一早就开始发表自己的作品。但还是遵循于家人的安排嫁给了远房的亲戚，取得了贵族夫人的称号。她 29 岁就远赴非洲，积极地融入当地的生活中，而等待她的却是一无所有地离开。

在身心痛苦不堪的状态下，写作让她忘记了命运的残酷无情。

1934 年，她用艾莎克·迪内森为笔名，写了一本《七个歌德式的故事》，这部小说中的人物就像被命运之线控制的木偶，每一个女性的命运都非常悲惨。也许一直在阴暗忧郁的冬天写作，也许是自己的无助无解，她笔下的人物都有着诡异的遭遇。这部小说在丹麦没有人愿意出版，也没有人欣赏和认可。她又辗转去了英国，同样也遭到了英国出版商的拒绝。卡伦·布里克森心灰意冷地回到了丹麦。

卡伦·布里克森的哥哥突然想起来在一次旅行中认识一位美国女作家，他把这部小说寄给了这位女作家，女作家又把这本书推荐给了自己的邻居，邻居是一位很有远见卓识的出版商。出版商认真读了这部作品，毅然而然决定为卡伦·布里克森出版这本小说。这部小说在纽约一出版，就好评如潮，还被图书俱乐部推荐为重点图书。当消息传到丹麦，丹麦的记者四处打听这个艾莎克·迪内森是谁。

成名以后，卡伦·布里克森说起这部成名作，她说她仿照歌德；用笔下的浮士德把灵魂交给魔鬼；作为承诺，把她的一生的经历写成了故事。

接下来，她写出了享誉世界的作品《走出非洲》，如卡伦·布里克森自己写道："地球是圆的，所以我们总是看不到路的尽头。"

正如米切尔的《飘》，卡伦·布里克森的《走出非洲》也是自己真实的人生，这部作品和《飘》不同的是：《飘》

是一部精彩绝伦的小说；《走出非洲》是作者散文体的写作文本。真实地书写自己在非洲十多年的所见所闻所思所感，真实地写出一个美丽不服输爱慕虚荣的女性变成了一个勇敢坚强而有主见的女性；非洲的一草一木哪怕是非洲的野生动物在她的笔下都有了灵魂。在非洲，她不仅爱上非洲的一草一木，也爱上了当地淳朴的人们。在书里，卡伦·布里克森好像又回到了年轻的岁月里：骑上马，拉开弓；这儿没有贫穷也没有奢侈，有的只是最自然最真切的回忆和情感的自然流露：站在高原极目远眺，尽收眼底的景物都是伟大、自由和无比高贵的情感状态。

在这里，温柔善良的卡伦收养了羚羊鲁鲁；善于发现的卡伦，慧眼之下帮助一个在族群里受歧视的卡曼坦无师自通成了天才的厨师和神医；最后离开变卖家产也要给自己多年相处的铁匠换回一个红宝石。这是卡伦，善良充满爱心的卡伦，非洲让她的世界变得更宽广且更美丽了。

在卡伦的笔下，非洲的日出日落都有了自己的意义。在非洲高渺的天空下，作者写道：“你尽可自由地呼吸。你的心境无比轻松，充满自信。在非洲草原，早晨一睁眼，你就会情不自禁地感到：啊！这一切都是这样美好，我在这里，在我最应该在的地方。”

在这里大自然呈现出她本来的样子，天空是如此清晰如此高远辽阔，空气仿佛变得更加干净透明，风仿佛都有了翅膀；每一棵树都有自己渴望长成的样子，每一种动物都可以按照自己的节律自由地奔跑、行走；太阳的日出日落无论是黎明还是黄昏，都真切地让你感受到一天的来临与告别。所有的一切，无论月亮还是星星都充满了仪式感和幸福感。

在这里卡伦遇到了自己心仪的情人。有一次，在卡伦外出时，在狮子的口中救出卡伦的英国人丹尼斯；他们俩彼此欣赏彼此惺惺相惜。本来打算和卡伦相爱生活一生的丹尼斯却因为飞机失事去世了。

丹尼斯送给卡伦的礼物是一支钢笔和一次飞行。

多年后，卡伦·布里克森用笔写下了这一次飞行，在飞行中，他们俩一起看非洲大地的辽阔，一起享受风的轻抚，彼此的手与手握得更紧。

卡伦并没有被无情的命运打倒，相反她坚强地把命运曾经的赐予用笔书写下来。她勇敢地反思命运，把一切美的善良的都书写成为永恒。

在书中，她写道：“就这样，我成了最后一个意识到自己不得不离开庄园的人。当我回首在非洲的最后岁月，我依稀感到那些没有生命的东西都远远先于我感知到我的离别。

那一座座山峦，那一片片森林，那一处处草原，那一道道河流，以及旷野的风，都知道我们即将分手。大地景观对我的态度也开始变化了。在那之前，我一直是其中一部分：大地干旱，我感到发烧；草原鲜花怒放，我就感到自己披上了新的盛装。而这会儿，大地从我这里分开，往后退着，以便我能更清楚看到它的全貌。”

在重新回忆和书写中，卡伦·布里克森写出了非洲的魅力，非洲独一无二与众不同的魅力，这个世界没有被商业没有被速度效率污染，它的每一丝空气每一阵风都如此清新。卡伦·布里克森在写作中治愈了自己，也给读者带来了对大自然的感动。

正如后来的某位评论家这样评价卡伦·布里克森，经过遥远的旅程被派出的信使，来告诉人们的世界，还存在着无限的希望。

从绝望的黑暗深渊中，卡伦·布里克森笑对命运的安排。只要有笔，她就能够度过漫漫的黑夜。《走出非洲》出版后，卡伦·布里克森成了全世界都有名的女作家。丹麦把她和安徒生视为自己国家的国宝。丹麦政府还出资把卡伦·布里克森当年卖掉的庄园重新买回来，作为卡伦·布里克森博物馆送给了非洲当地的肯尼亚政府。这也成为现在著名的人文旅行地。

在卡伦诞生一百年的时候，电影《走出非洲》上映了，这部电影获得了七项奥斯卡奖项，得到了许多观众的喜欢和热爱。影片中浪漫混合着典雅，无奈中蕴含着深情，伤感中交汇着壮丽，朴素舒缓的音乐无处不在，伴随着非洲大草原的美丽成长。人生的甜酸苦辣悲欢离合，让她破茧成蝶凤凰涅槃似的成长了！

非洲异域的景色固然让人眼前一亮，但是景色中的人更让我们感动得流连忘返。

在卡伦·布里克森的身上我们再次看到：世界以痛吻我，而我报之以歌。

没有人是一座孤岛

世界上很多人都不能实现自己的愿望，只有少数人实现了自己的理想。

有这样一个女孩，她出身贫寒之家，酷爱文学。当时的美国，科技的进步带来整个社会日新月异的变化。那个时代既是一个独立自由的时代同时也是一个金钱至上的时代。绝大多数人都恨不得第一时间跟随滚滚潮流之中，而她反其道而行之，对英国的古典文学却充满了热爱。这份执着和热爱让她把收入中除了生活以外的钱都拿来买书。因为觉得当时美国的书又贵又不好，所以选择了一家英国二手书店来买书，一来二去她和书店所有的人都有了书信往来，尤其是与书店的经理弗兰克通信最多，也更有连续性和心有灵犀一点通的默契。

时间不知不觉就这样流走了，这个女孩从青春不羁到了人生半百，一直想去的英国旅行始终因为没有宽裕的钱而未能前往；虽一直笔耕不辍，却没有任何作品红起来；不停地搬家，没有稳定的收入，年纪越来越大，依旧过着一个人的生活。

1969年的1月，纽约的冬天如此寒冷，穷困潦倒的她写出的剧本屡屡被拒，书的选题也没有人感兴趣。她常常待在图书馆，因为自己住的屋子里她舍不得用暖气。这一天，天都快黑了，她才从图书馆回公寓。她手里抱着一摞书，从门房那里取来的信件放在书上。在电梯间，她发现在一大堆账单里面，有一封薄薄的蓝色航空信。这封信她一看就不是弗兰克写的，因为弗兰克通常都是把通讯地址按单行距打印，而且她的名字都是连名带姓全拼。这封信，地址是双行距，她的名字由有关字母“H”代替。她原来以为是英国书店的人写来的，并没有在意。

当夜深人静，独自一个人坐下来的时候，她才打开此信。她这一夜再也没有睡着。因为这封信的内容是弗兰克的书店的人告诉她弗兰克已经病逝的消息。

她与弗兰克因书结缘，虽然素未谋面，但是因为她买二手书他卖二手书，他还专门去给她寻找她需要的书，懂她的心和品位。二十多年的买书卖书之间本来是一个客户和书店的买卖关系，但是因为彼此用心，变成一个爱书人和另外一个爱书人的欣赏，一个人对另一个人心灵的回应，虽然隔着千山万水的距离。

斯人已逝，内心依依。

想起这些年来的通信，数次搬家，这丝带束成的一小扎竟还静静地躺在抽屉的底部。仿佛是不肯让这些通信都随风而逝，她又向弗兰克的家人要回了自己写给弗兰克的信，她将这些信整理，送到出版商手里。

这本书的最后一封信是1969年4月，她写给一位前往伦敦度假的朋友的信：

亲爱的凯瑟琳：

此刻我正在整理书架，偷闲片刻在书堆里给你写信。希望你和布莱恩在伦敦玩得开心尽兴。他在电话里对我说：“如果你手头宽裕就好了，这样就可以和我们一起同来英国了。”我听他这样说，忍不住泪流满面。

大概是我长期以来都渴望踏上那片土地……我常常因为想看见英国的街景而看了许多英国的电影。记得很多年前，有人对我说，那些去英国的人都能找到他们想要找到的东西。我告诉他我想去英国，是为了寻找英国文学。他自信地说：

它们就在那里。

或许是吧，就算那儿没有，看看我四周散乱的书籍……我很笃定：它们就在我的身边驻足。

卖这些值得收藏好书的那个好心人已经在几个月前去世了，书店的老板马克斯先生也已经不在人间了。但是，书店还在那里。如果你们恰好路过查令十字街八十四号，请带我献上一吻，我亏欠它实在太多……

此时，查令十字街八十四号已经准备关门大吉，书店主人的后代无心再经营二手书。

一年以后，她整理的书信一经出版就非常畅销。

也许是她时来运转，也许是弗兰克在天之灵的护佑，此书一经出版就受到欢迎，受到大家的喜欢和追捧。英国出版商也决定在英国出版这本书，并且邀请她前往英国。

一位老姑娘对英国古典文学的热爱，对旧书的如醉如痴，还有这位姑娘对书店寄予的深厚情感以及对书店经理弗兰克的赤诚相见心有灵犀般相知相惜；这些超越地理时空超越书店的存在，都被出版成书籍得以被更多的读者阅读。这些真实的喜怒哀乐——小确幸、小抱怨，都字字句句让人如此唏嘘感叹。

1975年，她所有的鞋盒都用来装英国书迷们寄来的信，BBC决定把此书搬上荧幕；六年之后，素有盛名的英国戏剧界决定把它改编为舞台剧，此剧在伦敦最好的剧院上演三个月不衰；再过六年此书又被改编成电影。到了新世纪又再次被改编成电影。

这就是美国女作家海莲·汉芙和《查令十字街八十四号》的故事；也是海莲和弗兰克之间的书缘、情缘的故事。

这个故事对于不同的读者，感触完全不同。有的人甚至固执地认为海莲爱上了弗兰克。

最感动我的是海莲·汉芙对素未谋面书店里的人的关心之情。她知道他们因为实行配给制，缺少食物。她专门寄去鸡蛋、火腿、牛舌等等；还细心地讨论究竟新鲜鸡蛋好还是鸡蛋粉好；让他们吃上很久没有见过的完整的大块的肉。当她知道他们那里连丝袜都稀缺的时候，马上请自己在英国旅行的美国闺蜜送去丝袜。

尤其是今天，我们这个世界越来越推崇独立自由，好像一切都可以用金钱和权力搞定。不要说素未谋面，有很多亲朋好友都喜欢很成功的人士。如果某一个人遭遇了失败困难，不要说寄些吃的用的，多数人是赶紧躲开。有很多人高调地说着最好的友谊就是不给对方添麻烦。殊不知人与人之间最深刻的友谊都是从解决麻烦开始的。那些解决掉的一个又一个麻烦，让人与人之间多了更多的联系、更多的理解、更多的惺惺相惜。

1952 年 12 月 12 日，她给他们的信写道：“我打心里头认为这实在是一桩挺不划算的圣诞礼物交换。我寄给你们的食物，你们顶多一个星期就吃光抹净，根本不可能指望留到过年；而你们送给我的礼物，却能和我朝夕相处、陪我到我生命的尽头；因为这些书让我心里充满无限的喜悦和慰藉，我还能够将它们送给懂它们的人而含笑以终。”

1968 年 10 月 16 日，弗兰克在写给海莲的信中说：“是的，我们依然健在，手脚也还勉强灵光。这个夏天真的把大家忙坏了，从美国、法国和其他各国来的大批观光客几乎把我们比较好的皮面精装书全都搜刮一空。由于书源短缺，加上书价节节攀升，恐怕很难赶在您的朋友生日前找到任何奥斯汀的书，我们会想方设法在圣诞节之前为您办妥这件事。”

1969 年 1 月 8 日，书店的秘书写信给海莲告知弗兰克病逝了。至此，弗兰克在书店服务超过四十年之久。

1969 年 1 月 29 日，弗兰克的妻子诺拉在写给海莲的信中说：

感谢您寄来的慰问信，我完全不觉得您对我有什么冒犯。我真心希望弗兰克在世能够与您见面，并且亲自与他交谈。我原来一直知道他是一个处事严谨而不缺乏幽默感的人，现在更加了解他是一个谦谦君子。我已经收到许许多多来自各地的信，大家都异口同声赞扬他对古书业的贡献；许多人都说他饱富学识而又不吝于给他人分享……如果您想看到这些信，我可以将它们寄给您。

不瞒您说，一直以来我都对您心存妒忌，因为弗兰克如此深爱读您的来信，而你们俩似乎有许多心有灵犀的地方；我也特别羡慕您能够写出那么多好的信。弗兰克和我如此截然不同，他总是温和有耐心，而也许我来自爱尔兰的缘故，我的脾气总是又倔强又执拗。命运总是爱如此捉弄人，他曾经煞费苦心希望我多读些书……现在我多么想念他。

书和信，帮我们看懂彼此的存在和心心相印。

曾经的陌生人变得如此知心，孤独因为了解而变得微不足道。如果有书有信，夏天便不会那么热，冬天也不会那么寒冷。世界变得如此温暖。

让我们重新再来读一读海莲·汉芙喜欢的英国诗人约翰·多恩写的诗吧：

没有人是一座孤岛

没有谁是一座孤岛，
在大海里独踞；
每个人都像一块小小的泥土，
连接成整个陆地。
如果有一块泥土被海水冲刷，
欧洲就会失去一角，
这如同一座山岬，
也如同一座庄园，
无论是你的还是你朋友的。
无论谁死了，
都是我的一部分在死去，
因为我包含在人类这个概念里。
因此，
不要问丧钟为谁而鸣，
丧钟为你而鸣。

来自生活来自灵魂来自爱

1845年，13岁的路易莎·奥尔科特，给母亲阿比盖尔·奥尔科特写的一封信：

亲爱的妈妈：

我总想让自己过得更舒服些，现在我想差不多已实现了这个愿望。我一直想要一个自己的小房间，也担心这辈子都不会拥有它。如果有一间自己的小房间，我就会时时刻刻在那里，尽情地歌唱，不被打扰地思索。

我多么心满意足，
因为我拥有这么多；
我傻傻地祈祷，
甜美的生活就是我的命运。

13 岁的路易莎已经完全明白了生活的不容易。但是对于她来说，家就是最温暖的地方。阿比盖尔·奥尔科特就是自己最好的最懂自己的妈妈。

一生沉迷于自己的理想的父亲，虽然是一位自学成才的哲学家和教育家；虽然爱默生、霍桑、梭罗都是他的好朋友；但是真诚善良的心并不代表生活的富足和一帆风顺。父亲和母亲都是废奴主义者，父亲总是把一切都想得过于简单美好，母亲务实能干勤劳。路易莎很多方面既有父亲的理想主义，也有母亲的聪明勤奋。

清苦的生活并没有限制路易莎的想象力。

她从小就酷爱写作，妈妈也早就发现了她如此与众不同，就像路易莎的妹妹说的：她总有一天会成为一名大作家。

路易莎家里已经有了四个女孩，这四个女孩每一个个性都如此不同。姐姐安娜美丽温柔文静，大妹妹伊丽莎白活泼可爱，小妹妹贝丝腼腆文静而又有主见；而路易莎自己更多拥有了作家的气质，时而活泼可爱时而安静多思，时而侃侃而谈时而沉默不语。但是她们中每一个都是如此懂事且听妈妈的话，都想尽最大可能地帮助妈妈分担家务活，多给妈妈帮忙，让妈妈不那么辛苦劳累。互相理解、互相帮助、互相激励的穷人家，最不缺乏的就是欢歌笑语。

为了尽早帮助妈妈，路易莎很早就开始教书、做裁缝、陪护，甚至给有钱人家做女佣。她还参加过真正的联邦军，做一名医护人员。可以说在别的女孩子叛逆的年纪，路易莎已经开始了真正的工作和生活。

妈妈的爱和鼓励就是她努力写作的最大的力量源泉。

在任何情况下，她都坚持读书写作和思考。

终于在她22岁的时候发表了《花的寓言》，也就是这一年1854年12月25日圣诞这一天，她写信给妈妈：

亲爱的妈妈：

我把我的处女作，我的第一个“孩子”，放在圣诞节放礼物的长袜子里。

不管有多少错误，我知道您都是会喜欢的（因为外婆总是很慈祥的），它是我现在尽力取得的一点点儿成就。现在有这么多事让我快乐，我希望自己及时地离开仙女和神话世界，向男人和现实靠拢。

我作品中的任何一点点儿美的诗情画意，都要归功于您，归功于您对我自始至终的欣赏和激励。如果我做了什么令人骄傲的事情，比如我行了心中的善，最高兴的就是可以为此而感谢您。如果这样可以给您带来欢愉的话，我也就满足了。

有情人在忙乱，

我的灯在熄灭。

亲爱的妈妈，我全心全意祝您新年快乐，圣诞幸福。

从发表第一篇文章开始，路易莎都是本着帮助家人尽快挣到一些稿费的目的。用自己的写作也能换来钱给家人用，是路易莎最开心的事情。

为了作品更容易发表，她写过当时最流行的惊悚小说，里面有吸血鬼、怪兽等等要素；她写过以自己短暂的护士经历为蓝本的《医院随笔》；她还写过一系列以意志坚强、美颜动人的女英雄为主的惊险小说《波林的激情与惩罚》等等。这些都是在遵循当初对自己许下的诺言：以自己的头脑做武器，在艰难的尘世中闯出一条路来。她也曾经给妈妈许下诺言：让母亲过上“她从未体验过的安逸、舒适的幸福生活”。

写作的生活过了一年又一年，写的作品一本又一本，但是路易莎始终没有大红大紫起来。

尽管如此，路易莎一直像一只勤劳的小蜜蜂，一直快乐而辛苦地写作。

直到 1868 年 1 月，从路易莎写给母亲的信中还可以看出路易莎的写作一直没有很大的突破。收入虽然有提高，但还是非常非常忙。这一年她已经36岁了。

亲爱的妈妈:

在新的一年中，所有的东西看起来都不错。每个小故事，我可以得到20美元的稿费，我每月可以写两篇。《钟》给我挣了25元。每写两篇“格言”故事，又可以挣到100美元。我快要发表“格言”故事了，读者对小故事反映不错。

我的计划进展得比较顺利，不管生不生病，烦不烦忧，今年都会挣到1000美元。

我常常告诉自己:要赞美上帝，并让自己忙碌着。

我身体很好，这么忙，连生病的时间都没有了。在我看来每个人都很聪明。我常常有点开玩笑似的想，我真做不了这么多工作了，有六七家出版社跟我要稿子呢。想想从前，我常常在屋子里徘徊,冥思苦想地写作。那时,哪怕只有10美元,我就觉得自己很富有了。

我想，对睡觉的态度我要坦然些。不管我疲不疲倦，睡觉总比闲着要好，也比因为事情进展太慢而失望要好。

把我寄的钱都留好，把所有的账单付清。过得再舒适些，再快乐些。

让我们尽情感受当下的快乐。

并把快乐分给雨天。

尊敬的夫人，我已经知晓了亚里士多德的精萃。

写这封信的路易莎，一定没有想到命运马上就要给她一个大大的惊喜！

就在路易莎看起来依旧辛苦却心存感恩的这一年，她的《小妇人》一经出版就成了畅销书，受到了读者的喜欢和追捧，尤其是女性读者。

因为有一位了解路易莎的出版人建议路易莎以自己的大家庭为蓝本写一部小说。路易莎也的的确确以自己的母亲和四姐妹的故事写出了迄今为止畅销了一百多年的书。而且这部书还若干次地改编为带有不同时代痕迹的电影、电视剧。

为什么这部小说能够得到如此多的人的喜欢，就因为它来自于路易莎的生活、来自于灵魂、来自于爱。

这部小说写了一位充满爱心、善心而又果敢的母亲，对每一位孩子都理解，并且用每一个孩子懂得的方式去安慰鼓励孩子。书中也塑造了不同个性的四姐妹。每一个人，都是活灵活现，这恰是因为路易莎实际上写了自己家四姐妹的故事。在她的这部小说中，每一个女孩子都可以找到自己喜欢的人。时间可以吞噬一切，但是那些真诚的、善良的，总会留在我们的记忆中熠熠发光。

这本小说让路易莎深深地将真心倾入，尤其小说关于贝丝的描写：世界上各个角落都不乏贝丝这样的人物，腼腆文静，待在角落里，必要时才挺身而出。她们开心地为别人活着，没有人留意她们所作出的牺牲。在实际生活中，路易莎和妹妹贝丝有着很深的姐妹情，而贝丝也是最爱阅读她小说中的一位。生活中的贝丝，总是默默地为家人付出，而且她还是一个多才多艺的女孩。因为生病，所以她不能像其他姐妹一样外出工作去感受外部世界的不同。路易莎一直照顾她，直到1866年贝丝病逝。

就像路易莎写到：美貌、青春、财富，甚至爱情本身，都不能让深得上帝恩宠的人免于焦虑、痛苦和哀愁，也无法让他们避免失去自己最爱的东西。因为人的一生中，有些风雨是必须要经历的，一些日子必然会黑暗、哀伤、忧愁的。

小说中四个女孩子的成长故事，让人眼前一亮并心生感怀，每一个女孩都在自我成长自我完善；每一个人都把真善美当作做人的第一原则。贫穷没有打败她们，她们在家庭巨大的爱中变得更有力量去应对这个世界；她们变得独立而能干，就像母亲期望的那样："我希望我的女儿美丽贤淑，令人羡慕和喜爱，健康快乐，婚姻美满，过上有意义的生活，

只经受上帝认为你们所必须经受的痛苦。”

路易莎终于苦尽甘来，成为一名真正的畅销书作家。并且她一直笔耕不辍，终生未嫁，把自己的收入全部用于改善母亲及家人的生活。

我们再来重温 1872 年路易莎写给母亲的信：

亲爱的妈妈：

昨天真是一个非同寻常的一天，从早到晚，各种念头萦绕我的脑海。

俱乐部里混杂着各种各样的人物，有老太太，还有小淘气们。爸爸和 B 先生像一对柏拉图气球，很快就飘出了我们的视线，想追都追不上。

下午，我们读了爱默生的诗句，所有的文人都兴趣盎然精神抖擞。我这卑微的小文人竟受到了大家的重视：连 B 博士也向我伸出他那高贵的手，并且就像主教赐福给人信德那样，低声赞美着我……几位相貌特别的妇人也对我嘟哝着赞美的话，让我赶紧给吓跑了。

M 先生说了我喜欢听的话——他已经把我的书送给了他的母亲，而那位夫人也让他转告我，拿到书后，她就爱不释手，不能做别的事情了，只想一口气读完。她说，如果她年轻一点儿就好了，这样未来的一生就有更多的时间来欣赏这样的书了。我像孔雀一样喜欢这样的赞美。此外，我用小故事赚到的稿费支付了自己所有的花费，没有动家里的收入……

我静坐在你的身旁，

终于能看到您；

在那里休息了，

妈妈，我将永远爱您！

正是来自母亲的爱，正是来自生活中点点滴滴的感悟，正是来自灵魂的回应，路易莎成了一个无法被他人替代的女作家。

一个好的母亲就是一所好的学校，她会激发一个孩子自己都不一定清晰的天赋和才能；一种生活也会成全一个人的梦想，不管是贫穷还是富足，如果你真心渴望并且坚持耕耘，最终都会品尝到收获的甜美。

每一个人都是宇宙的中心

帕特里克·勃朗特16岁就离开自己世代以农业生产为生的爱尔兰的家族，他很早就清楚自己的父亲不能给他以资助，必须靠自己的脑力劳动来养活自己。从小他就表现出超人的智力和机灵，雄心勃勃、坚强、深谋远虑、目标远大清晰，行动力超强。他的这些性格特征也深深地影响着他后来声名远播的三个女儿。

他16岁开始办了一所公立学校，五年后，他做了泰尔牧师的家庭教师。由于他出色的表现，对方为他提供担保帮助，25岁的他获得进入剑桥的圣·约翰学院学习的机会。同时他还获得了亨利·桑顿以及他的侄子威廉·威伯福斯的资助。这也就是理解他为什么终生都喜欢帮助别人、乐善好施的深刻原因。在大学里，他勤奋好学，充分显示出自己是一个值

得别人帮助和培养的优秀青年。他取得了文学学士学位，被委任为艾西克斯的副牧师，并来到约克郡。

在他担任助理牧师期间，他出版了好几卷诗集，其中最著名的是《小屋诗集》，他自我要求很高：无论多么卑微，都要过一种良好的基督徒的生活，来世将会带上辉煌的不朽的王冠。这种信念一直激励着他。

在约克郡五年中的某个时间，他向玛丽亚·布兰维尔求婚并娶了她。

勃朗特三姐妹的母亲玛丽亚·布兰维尔出身于康沃尔郡的名门望族。她的父亲是彭赞斯的一个成功的杂货商和茶叶商。玛丽亚从小就生活在一个安稳舒适的生活中。她有四个姐妹，还有一个哥哥。她的父母亲在1808年、1809年间相继去世，当时玛丽亚二十六七岁。玛丽亚从小就受到信奉卫斯理教派的家庭熏陶，她的性格温和、内心虔诚。在父母去世后，她与两个姐妹住在彭赞斯的家里，后来她决定离开这个了解自己备受尊重的安全之地，离开康沃尔，去约克郡姨父约翰·费诺姨妈家里，去创造一种新的生活。

玛丽亚·布兰维尔身材娇小苗条，虽然不漂亮，但是非常优雅，无论怎么样穿着，总能穿出一种朴素静雅的味道来；她的性格开朗、活泼又机智。她的穿衣风格、个人的优雅气质日后在她女儿小说中的最喜爱的女主角身上最明显地展示出来。

很快，勃朗特先生就被娇小温柔的姑娘吸引了，他很快就向她求婚并且即刻订婚。长辈们为他们安排了周到得体的婚礼。

1812 年 12 月 29 日，勃朗特从约克郡姨父家里娶走了自己喜欢的新娘，玛丽亚再也没有回到过自己小时候长大的地方。老家的亲戚都认为她富有才情，性格温顺而谦让，是一个大家都喜欢的人。她应该有很好的文学天赋，她写的信亲切优美、字里行间都渗透着深深的虔诚。她还在怀孕期间写过一篇论文《宗教事务中贫穷的优越性》。

过了很多年，在夏洛蒂的姐妹、弟弟相继去世后，父亲勃朗特让她看到了母亲的信件和文章。深受感动的她，写道：

> 这些纸张因时光流逝而泛黄，因为它们都写于我出生之前；现在这种感觉很奇异，因为这是我第一次去细细阅读我心智来源的母亲写下的心之所想所思；而最不可思议的是，我同时又心酸又甜蜜地感觉到一个真正美好、纯洁和高尚的心灵。它们都是在结婚以前写给父亲的。它们有一种无法形容的正直、高尚、忠贞、谦虚、理智和温顺。我希望她还活在世上，我能够得以结识她。

在夏洛蒂父母九年的婚姻里，玛丽亚生了六个孩子。

在勃朗特先生任哈什德的副牧师、牧师的五年期间，他结婚，妻子生下两个孩子：玛丽亚和伊丽莎白。期满后，他到桑尚上任。1816年4月21日夏洛蒂就出生在桑尚这个地方，接下来帕特里克·布兰维尔、艾米莉和安妮来到了这个幸福的家庭里。

当勃朗特1820年2月25日调到哈沃斯担任教区牧师时，自此以后他们一家都住在这个多山荒野的小镇哈沃斯。牧师住宅在山上可以俯视村庄居民。住宅是一座长方形的石房子，墓地从三面环绕了这座长方形的房子和屋子前的花园。可以说这座让一般人害怕的屋子，成了勃朗特一家最感到幸福、最感到温馨、最渴望回到的家。很多年勃朗特姐妹长大了。她们在离开家、回到家的过程中来回奔波。离开家为了学习、为了减轻父亲的压力而工作，因为思念自己的家而回到家里。

很少有这样的女孩子无时无刻思念自己的家和群山荒野。但也正因为这样的家以及家的自然风景走过了她们的心，她们用心地感触和书写，才诞生了《简·爱》《呼啸山庄》《艾格妮丝·格雷》。

从他们第一天到哈沃斯开始，勃朗特和孩子们都愿意朝牧师住宅后面渐渐升起的高沼之地方向散步，而不是下坡的长长的街道散步。勃朗特和任何人都能保持友好的关系；但是这个家庭与村子里的个人之间却比较疏远，他们对自己的私生活很珍视，同时也很尊重别人的私生活，所以给别人留下了“他们家很封闭”的印象。

玛丽亚生完最后一个孩子后，身体状态特别糟糕。当她到哈沃斯不久，就得了癌症，她一直闭门不出直到去世。

也许是母亲长期生病，所以孩子们给外人的感觉显得阴郁而沉静，他们安静而听话。尤其是老大玛丽亚·布兰维尔外表虽然小巧玲珑，但是却安静多思。她从小在家务活和照顾弟弟妹妹方面就是妈妈的好帮手。由于勃朗特不是忙于自己的牧师工作就是忙于照顾和陪伴自己的妻子，所以他几乎很少甚至不和孩子们一起吃饭散步。六个孩子时常手牵手走向屋后的高沼之地，年长的周到细致地照顾步履蹒跚的弟弟妹妹。他们从小就是相互帮助相互温暖的兄弟姐妹。

勃朗特先生希望孩子们从小就有艰苦朴素的习惯和品质，对吃穿的好坏抱着无所谓的态度。尤其是他限制孩子们吃肉，所以孩子们经常吃土豆，家里食物虽然很充足甚至到了浪费的地步。孩子小，女主人长期卧床，没有人监督年轻的女佣。他曾经烧掉几双颜色鲜艳的小靴子，只因为这些靴子对孩子来说太鲜艳和奢侈。

在她们搬来哈沃斯 17 个月后，母亲玛丽亚·布兰维尔病逝。最大的孩子玛丽亚才 7 岁，最小的孩子安妮才 20 个月。勃朗特先生刻意保持着自己独自进餐的习惯，除了消化系统的原因，更多的是他并不是很习惯和孩子们在一起。孩子们在没有家长的陪伴下，彼此之间温柔体贴、亲密无间地成长，他们没有社交也不需要社交。他们一起读书写字，自编自演一些小剧本，自己演出其乐融融。

在外人看来是如此可怜不幸的一家人，但是对于孩子们来说却完全不觉得自己可怜。他们有自己的快乐和开心，他们彼此感到如此安稳可靠。艾米莉用一首诗表达了全家人的感受：

那里冬天在咆哮，大雨在滂沱，
但就算可怕的暴风雨冰冷刺骨，
还有一束光明温暖我的心灵。

房屋衰败，树木凋零
雾气在没有月亮的夜空中漂浮，
世上哪里比得上家里的壁炉，
那么亲切，那么令人渴望呢？

这家人的孩子总是留给别人深刻的印象，女佣们常说她们是从未见过如此聪明的孩子。孩子们中的任何一位都懂那么多。就连他们博学多闻的父亲在不知不觉中，好像突然间发现他们才干的与日俱增，尤其是他出面调停他们自编自演戏剧的冲突的时候。

有一天，父亲灵光一现，突然想更多地了解孩子们。当时玛丽亚大约 10 岁，安妮大约 4 岁。父亲为了他们放开，大胆地说出内心所想，让他们戴上面具回答他的问题。

父亲从最小的孩子提问，他问安妮最需要什么。

安妮回答：年龄和阅历。

父亲问艾米莉，对她有时候淘气的哥哥布兰维尔怎么办好。

艾米莉回答：给他讲道理，他不听，就抽他。

他问夏洛蒂最好的书是什么，她回答：《圣经》；那么第二个呢？她回答：自然。然后，父亲又问对于一个女人最好的教育方式是什么。她回答：能够管好家的那种。

父亲问布兰维尔区别男女智力差异的最好办法是什么。他回答道：通过他们身体的差别来考虑。

最后父亲问老大玛丽亚·勃朗特度过时间最好的方式是什么。

玛丽亚回答：把时间规划一下，为幸福的未来做准备。

孩子们每一个的回答如此无懈可击，就连他们的父亲也留下了深刻永久的记忆。是的，他们不仅让自己的父亲惊讶，也让全世界惊讶，在不久的未来某一天。

命运总是如此让人感到自己的渺小无助。

尽管孩子们都有很强的自学能力，但他们的布兰维尔姨妈还是在他们的母亲病逝前就从彭赞斯来到哈沃斯，除了帮忙管理家务，还教会外甥女们针线活和家政。

布兰维尔姨妈是非常了不起的女性。她在中年时候离开自己的故土，来到了完全陌生的地方，这里的山川气候、风土人情和故乡完全不一样。她从温暖的繁华的彭赞斯来到偏僻多山寒冷的荒原约克郡，布兰维尔得到了孩子们发自内心的尊重。她把这个家料理得井井有条，是孩子们的良师益友。从某种意义上来说，她也非常地理解外甥女们，她慷慨解囊给夏洛蒂、艾米莉去布鲁塞尔学习的费用；她和他们生活了很多年直到她在这里病逝，并且她把自己的遗产都留给了夏洛蒂、艾米莉和安妮；正因为这笔遗产的支持。勃朗特姐妹三人才得以安定下来，在这座从小到大都生活的石屋子里写出了震惊英国和世界的小说。

像任何一位普通的父母一样，勃朗特依旧非常相信学校的教育胜过家庭的教育，也许他骨子里觉得自己家住的这个地方太偏僻多山，所以他很快就决定送孩子们去柯文桥。这个地方大约在 1823 年建立了一所北英格兰专门为教士的女儿开办的学校。1824 年 7 月，他首先送玛丽亚、伊丽莎白来到这所学校，接下来 9 月份，他带着夏洛蒂、艾米莉又来到这里上学。这所学校虽然是一个热心教育的富有的牧师威尔逊办的，但是，不等于这所学校靠一个人的热心、富有就能够办好。

这所学校给夏洛蒂姐妹带来了永久的身心伤害。尤其是玛丽亚本人智力比一般人都高很多，所以她总是显得异常孤独。更可怕的是学校伙食特别差，卫生条件和保暖设施也非常差，所以玛丽亚一直都处在咳嗽、反复的感冒之中。这些都让她无精打采，想家。玛丽亚还受到某一位同学的欺负，生病的玛丽亚没有得到老师和同学的理解温暖，反而遭到了同学的故意刁难责骂。1825 年春天，玛丽亚得了热病，同时期有 40 多个孩子得了热病。学校卫生伙食的糟糕给夏洛蒂留下了深刻的印象。玛丽亚在这个春天，肺结核病情迅速恶化。勃朗特先生万万没有想到玛丽亚病情如此严重，当他把玛丽亚接回家没有几天时间，玛丽亚就去世了。这个 11 岁就能够与父亲讨论公众人物和报纸新闻的聪明女孩去世了。紧接着伊丽莎白也得了肺结核，也被学校送回家，她也在初夏去世。

两个聪明的孩子，去世了。她们的死使她们的父亲感到了害怕，很快就把夏洛蒂、艾米莉从寄宿学校带回家。《简·爱》中的许多地方可以看到这段经历的痕迹。

两个姐姐的去世，让夏洛蒂仿佛一下子就长大了。在这之前夏洛蒂给别人的感觉是开朗活泼且有主见聪明，而现在夏洛蒂深刻地感受到自己身上所要承担的责任。1825 年 6 月开始，夏洛蒂在剩下的孩子中承担起母亲的责任，那时候她才只有九岁。夏洛蒂变成了一个更文静也更让弟弟妹妹有安全感的姐姐。从那个夏天开始，他们在家中接受父亲勃朗特和姨妈布兰维尔的教导，他们的更多时间是在自己教育自己。

他们还自己办报纸杂志，他们自己撰稿自己阅读，他们自己编剧本自己演出，他们互相欣赏互相成长。在 1828 年 6 月，他们虚构了一个岛，然后在岛上建了一所容纳一千人的学校；写下建筑物的式样以及岛上方圆 50 里情景。他们想象当时英国在世的自己喜欢的政治家做自己剧本中的角色，按他们的角色安排去生活和战斗。

试想当年，黄昏的夜晚，外面寒冷黑暗，大风刮过荒凉、空旷的覆盖着积雪的原野；厨房里暖和和、闹哄哄的状态；然后是他们相互争论的情景。

虽然身处偏僻的小村子里，他们过着离群索居的日子，但是阅读写作给他们带来广阔的想象的世界。另外小勃朗特们不仅仅擅长文学创作，而且他们个个都是画画高手，尤其是其中唯一的男孩子布兰维尔他从小就被视为天才，以及能够成为全家骄傲的男孩来培养。女孩子们不仅仅会绘画，而且每一个人都会做家务话，缝缝补补对于她们来说都是正常的事情。她们在细心的姨妈指导下学会勤俭持家。

15 岁的夏洛蒂无论是手工还是写作、绘画，她都做得得心应手，她总是安静、细致、聪明和朴素，她总是把自己收拾得非常整洁。也许是姐姐玛丽亚不注重自己的衣着整洁所以在柯文桥学校总是受到最无辜的嘲讽和责骂，也许是每一个孩子天性在每一个阶段各有不同，夏洛蒂尤其在意自己和房间的整洁。她总是细心地做好大姐姐的表率作用。

1831 年 1 月，夏洛蒂再次被送进伍勒小姐的学校。在这所学校她总是不停地学习、不停地读书。她很早就懂得了读书和学习对于她的价值和意义；她很少娱乐和玩要，她总是珍惜每一分时间。最开始同学们因为她穿衣服的老气横秋、害羞胆小以及爱尔兰口音而好奇，但是很快被她的博学多闻和讲故事的能力深深地吸引了，并以此赢得了大家的喜欢。在这里，她和伍勒小姐保持了终生的友谊，也认识了另外两位保持了终生友谊的同学：艾伦·纳西和玛丽·泰勒。后者和自己的兄弟去了新西兰，他们在那里开了杂货店，并且玛丽·泰勒还发表了一系列的文章和出版了小说《麦尔斯小姐：一个 60 年前约克郡生活的故事》。

艾伦·纳西是一位值得信任的朋友。她敏锐、富有责任心，是一个冷静有教养的女孩。正是因为她保留了夏洛蒂大量的通信，我们才得以知道夏洛蒂姐妹在家里的生活写作的点点滴滴。她珍藏了夏洛蒂 140 多封信，这些信后来她交给了盖斯凯尔夫人，为给夏洛蒂写一本正式的传记提供了不可缺少的帮助。

在伍勒小姐学校的两年时间里，夏洛蒂虽然相貌普通、眼睛近视、衣着老式，但是她的勤奋刻苦安静而有主见的个性赢得了老师和同学的尊敬和喜爱。

1832 年夏洛蒂离开伍勒小姐的学校，回到家中，自己教妹妹们学习。她在 7 月 21 日给艾伦·纳西的信中写道：

> 每天我都在重复着一天的生活。上午从 9 点钟到 12 点半，教妹妹们读书，并且画画，然后我们一起散步，直到吃午饭时；吃过午饭，我们开始做针线活，直到吃茶点；吃过茶点，我或者写作，或者阅读，或者做一点儿编结活儿，或者画画。尽管生活很单调，但我还是感到愉快。

夏洛蒂告诉自己的朋友，那时候，和弟弟妹妹一起散步和绘画是她一天中最快乐的事情。

勃朗特先生总是非常支持他们读书写作的兴趣，还专门请了一名绘画老师教他们绘画；他们除了阅读家里的藏书以外，还可以去 4 英里路外的基立的图书馆读书借书。对他们来说没有看过的书都是新书，借书回来的路上也是他们最兴奋开心的时光，他们常常忍不住一路走一路阅读。

1833 年，这一年艾米莉已经明显地长高了，性格上却更加矜持，安妮害羞文静，布兰维尔是一个相当潇洒的小伙子。1835 年夏天，夏洛特全家都在讨论布兰维尔该去学习什么，做什么职业，他们很少看到彼此姐妹的才能，但都能看到他卓越的天赋和才能。

勃朗特姐妹觉得布兰维尔有着出色的绘画天赋，决定送他去皇家艺术学院学习。因为勃朗特先生本来的薪水不高，并且还要支持布兰维尔去艺术学院的学习，夏洛蒂决定离开家里去伍勒小姐的学校当一名教师，这样就可以减轻父亲的压力。这一次她不是一个人去，她还带着妹妹艾米莉。艾米莉非常想念家，完全不能适应这里的生活学习，她只待了三个月就回到家中。艾米莉走后换来安妮来这里读书。

艾米莉此后终生大部分时间都待在了家里，除了做了短暂六个月的家庭教师，以及后来陪夏洛蒂在布鲁塞尔学习十个月的时间，她几乎再也没有外出过。她承担了家里的大部分家务活，全家人的衣服都是她负责熨烫，尤其是女佣塔比瑟年老后，都是艾米莉负责做全家人的面包。大家经常看见她一边揉面一边学习，无论学习什么，她的面包总是做得松软可口、味道棒极了。

艾米莉对大自然尤其是荒原的热爱，还有对面包的拿手，让读者联想到了大洋彼岸美国的另一位艾米莉·迪金森，1818 年出生的艾米莉·勃朗特，1830 年出生的艾米莉·迪金森，她们如此相似，她们都爱写诗、爱大自然、爱做家务活，两个人都擅长做面包，两个人都特别不愿意以作品示人。两个人都率直单纯，真诚严肃，强烈渴望自由，后者不但闭门不出且终生都不信教，生前只发表了 10 首诗歌，因为非常讨厌发表时候被修改，所以从此以后都不曾发表任何作品。她去世后，诗歌才被自己的妹妹、自己的亲人整理出来陆陆续续发表了近一千八百首。她们都拥有一种炽热的情感，无论是大自然还是自己的作品。

幸运如此，她们两个人都得到了家人的充分理解。夏洛蒂非常理解艾米莉的真实想法和情感，她在给朋友的信中写道：“我的妹妹艾米莉喜欢荒原。在她眼里即使是石楠丛生的荒地里最黑的部分开出来的花都比玫瑰还鲜艳。她的心能把灰白的山坡最阴沉的洼地想象成伊甸园。她能够在孤寂的荒凉中找到乐趣，尤其是自由。自由是艾米莉鼻子里的气息，没有它，她就不能生活。从家到学校的转变，从无拘无束、朴实自然的生活到纪律严明的生活转变（虽然有很多无微不至的关心），这种生活的改变对她来说依旧不能忍受。”

夏洛蒂在学校当老师的生活一直很开心。她早已习惯过苦行僧的生活，她和伍勒小姐总是很聊得来。她们常常在夜深人静后，安静舒心地聊一会儿天。

大约就在这段时间里，附近有一家非常正派人家的年轻的女家庭教师，被这家雇主家开的商行里的下属追求。这个年轻的女家庭教师和这个先生结婚一年后，生下来一个孩子，可是那个丈夫被人发现他还有一位妻子，据说他的第一位妻子精神不正常。无论怎么说，这个孩子得到了大家的深切的同情。这件事情一时间传得沸沸扬扬。

不久伍勒小姐的学校从开阔美丽、凉风习习的罗海德搬到了杜斯伯利荒原，夏洛蒂工作量越来越繁重，从早上 6 点持续到晚上 11 点，其间只有半个小时的活动时间。夏洛蒂越来越感到自己身体的吃力和精神的压力。

1836 年圣诞节来临了，夏洛蒂和艾米莉都从自己任职教师的学校回到家中，她们团聚在一起。这一个圣诞节对她们来说是完全不一样的圣诞节，她们真真切切地感受到她们已经完全长大了。这一年夏洛蒂 20 岁，艾米莉 18 岁，安妮 16 岁。她们清楚知道父亲乐善好施、慷慨大方的性格和做人方式。钱一直不宽裕，未来在她们理智地认识中无论是父亲还是布兰维尔姨妈都不会给她们留下任何可以继承的遗产。因为按常理姨妈不会把继承权给外甥女。

勃朗特姐妹一直独立坚强，并不指望继承遗产，但是可供她们的职业如此有限，夏洛蒂希望做一名画家的愿望完全落空，唯一可以做的就是一名教师。说来真是不可思议，她们三人自我学习能力都非常强，但是，面对孩子，夏洛蒂和艾米莉内心世界总是耐心不足。而且家庭教师这种角色，让勃朗特姐妹完全觉得失去了自由和尊重，对方完全不会来了解并且理解她们。勃朗特姐妹不喜欢麻烦任何人，但是渴望被人理解和爱。

勃朗特姐妹尊重和爱家里的每一个成员，他们把女佣也当作自己家里的亲人。有一次塔比瑟摔断了腿，她自己要离开他们家治疗养伤，当时父亲也同意。当父亲就此和勃朗特姐妹商量的时候，她们用沉默来反抗，连续拒绝吃东西来对抗父亲的决定，最后父亲同意并留下了塔比瑟。在她们的心中完全视对方为自己的亲人。在亲人生病的时候，理当她们来照料。后来因为塔比瑟的腿严重溃烂，需要暂时离开家里住在附近的地方，夏洛蒂姐妹自己干起了家务活，不再请别的女佣来，把这个位置一直给她留着，还经常抽空去看她。

塔比瑟 1825 年来他们家里做事情，中途因病短暂离开，1843 年底回到夏洛蒂家里，同时带来了约翰·玛莎。她们一直陪伴着他们，塔比瑟 84 岁去世，在她去世之前还坚持做家务活，其中有一项削土豆，此时塔比瑟眼睛已经不怎么看得见了，夏洛蒂总是悄悄地来到厨房再把土豆重新削一次，但从来不让塔比瑟知道。塔比瑟不仅细心地照顾勃朗特姐妹，关心勃朗特姐妹的身体健康，而且还给勃朗特姐妹讲动听的乡间故事，以及村子里的各种消息。她情绪稳定，是勃朗特姐妹眼中最可靠的人。的确如此，她在夏洛蒂去世前六个星期逝世。她的墓碑上刻有：勃朗特家一名忠诚的仆人。约翰·玛莎也一样，一直照顾勃朗特姐妹，直到勃朗特先生去世，勃朗特先生还专门给她留有一笔 30 英镑的遗款，勃朗特写道："为了报答对我和孩子们长久和忠诚的服务，她短暂地离开这里不久又回到这里一直到去世。"

勃朗特姐妹如此赢得女佣们的爱和忠诚，是因为他们对女佣同样地忠诚和爱。他们把离开自己家里来到他们家工作的女性当作自己亲人一样看待，不仅仅给她们付出薪水，还付出她们的理解、温暖和爱。勃朗特姐妹每个人都做着自己擅长的家务活来减轻对方的劳累。这样无声的体贴，带来的是一个充满爱与温暖的大家庭，谁也不愿意离开的大家庭。

如果用勃朗特姐妹对待别人的方式来看，他们出外工作的感触就会激起她们的无奈与无助。夏洛蒂虽然在工作的地方和周围人相处非常好，但是工作时间超长，而且薪水非常低，她几乎攒不下来一点点儿钱。艾米莉虽然薪资不错，但是她在对方家里感觉完全没有任何自由，艾米莉自由不羁的性格最喜欢家的温暖和旷野的开阔，所以对于她来说，出来工作就意味着没有自由生活可言，而且身体会迅速变差。

1836 年的圣诞期间，虽然对于勃朗特姐妹来说未来一片迷茫，但是她们好不容易在一起，办她们的杂志、写诗编故事绘画这些都是她们做起来非常开心快乐的事情。

就在这期间，夏洛蒂写了一封日后最著名的信给当时最著名的诗人骚塞，向他请教究竟自己应不应该以文学作为自己的职业，并且还附上了自己写的一首长诗的一部分。接下来的一段时间里，夏洛蒂盼望着对方的回信，直到 1837 年的 3 月初她收到了对方的回信。骚塞说他因为外出，所以回信有些晚，并且夏洛蒂的问题也给他带来深刻的思考。截至今天，这封信常常被引用的是："文学不能也不应成为妇女的终身职业。"但是实际上这封信可以说是一封非常有启迪意义的信，正是这封信让夏洛蒂重新思考自己应该何去何从。这一切都为勃朗特姐妹日后蜚声文坛的创作起到了非常深刻的作用。

现在来读读这封信的一些片段吧：

但是，如果你打算谋求自己的幸福，就不用为出名而培养这种才能。我把文学作为我的职业，我愿意把一生奉献在这种选择上，然而我感到自己有责任告诫每一位向我寻求鼓励和劝告的有志于文学的青年，最好不要走这条危险的道路……

你惯常沉湎其中的白日梦，很可能会导致心理失调；世间一切平常的劳务在你看来越是平淡无益，你越是不愿意从事这些劳务，同时也不会适应其他任何事情。文学不能也不应成为妇女的终身职业。她在所应尽的职责方面做得愈多，也就更加没有时间从事文学活动，哪怕是只把创作作为一种消遣和娱乐……

但是，请不要以为我在贬低你的天赋，也不要以为我不鼓励你发挥天赋，我只是劝你这样来对待它，运用它，使它永远对你有益。要写诗，就为写诗而写诗，不要为出人头地，不要希望成为名家。你越是不以出名为目的，你的诗越有价值，而最终有可能达到诗的境界。这样的写作，对于心胸和灵性都是有益的，它可以成为仅次于宗教的一种提高心性、慰藉心灵的可靠的途径。你可以将你最美好的思想、最明智的感情融入其中，并陶冶和加强你的思想感情。

夏洛蒂以自己的智慧理解这封信，并且回信，骚塞再次回信，并且邀请夏洛蒂有机会去他所在的大湖去作客。夏洛蒂明白写作不要忘记自己的责任，不能为了追求名声、自私的竞争而陷入写作的陷阱。

她再次外出做一名教师的工作。

1837 年初，她默默地拒绝了第一次求婚。她十分清楚婚姻还没有列入自己的生活规划中。做家庭教师的工作与生活依旧让她无法适应，和艾米莉一样，再加之父亲的病和塔比瑟的腿受伤，她们再次回到家中。1840 年，除了安妮以外，夏洛蒂和艾米莉都在家中。

1841 年有一段时间夏洛蒂再一次也是最后一次做家庭教师，依旧无法适应习惯这样的工作，主要是夏洛蒂非常在乎对方对她的理解、尊重和关心，而不仅仅是一份表面的工作和薪水的互换。虽然对方很满意她的工作，但是不意味她自己满意自己。

自然而然，夏洛蒂想到了一个好的方法就是自己和妹妹们在家里开办一所学校，于是她写信说服了爸爸和姨妈。为了开办她们自己的学校，她们必须再次进行学习。于是她们选择了学费相对便宜的比利时的布鲁塞尔埃热寄宿学校，主要学习法语、意大利语和德语。

1842 年 2 月 8 日，在布兰维尔姨妈资助的 50 英镑的帮助下，夏洛蒂和艾米莉出发来到布鲁塞尔埃热寄宿学校。她们的父亲和夏洛蒂的好友玛丽·泰勒以及她的兄弟乔陪同她们前往并且安顿下来。

不得不说夏洛蒂对家人具有非常强的沟通能力，这也来自于她从小到大的聪明和善解人意。她说服艾米莉，只需要这次学好这些语言，以后回到自己家中开办她们自己的学校，就永远不用外出了。的确如此，艾米莉在这里学习认真，天赋极高，给老师、同学都留下了深刻的印象，尤其是埃热老师认为艾米莉天赋比夏洛蒂更高，艾米莉用“毫不怯弱的灵魂”坚持下来，但是这一段经历并没有给她带来很大的影响，对她来说只是一次很长时间地离开了家。

在这所学校，她们除了勤奋学习就是勤奋学习，她们唯一的娱乐时间就是两个人的散步。她们默默无语地走着，相依相伴。夏洛蒂总是有问必答的那一个，艾米莉往往是沉默无语的那一个。艾米莉几乎不与任何人说话，而夏洛蒂平静文雅的性格，从未有人看见她发脾气。

对于夏洛蒂来说则完全不一样，因为她不可抑制地爱上了有家室并且幸福的埃热先生。埃热先生自始至终都没有回应夏洛蒂这种感情，虽然他对她们姐妹的天赋和非凡的才华很欣赏，但是他更愿意作她们的严师。

她们在这里待到第九个月时候，布兰维尔姨妈病重。她们不得不中断学习回去。就在归途中，姨妈已经去世了。她把她的遗产留给了夏洛蒂、艾米莉、安妮三姐妹，而没有给布兰维尔这位外甥留任何遗产。她有自己的主见：布兰维尔是男孩理应该自力更生养活自己，而且他花钱大手大脚的方式令一向节俭的姨妈非常不满意也看不惯，所以也不支持他。她可没有重男轻女的传统思想。

1843 年 1 月夏洛蒂再次回到埃热寄宿学校担任教师，而这次艾米莉留在家中，因为姨妈去世后，她要留在家中照顾父亲和管理家务。埃热先生给夏洛蒂的父亲专门写信，说她们在学习的同时也学习到了教学的技巧，艾米莉跟着比利时最好的钢琴老师学习，并且她自己也有了几个小学生；夏洛蒂不仅能够学到更多，而且开始教法文课。这也是他们愿意为她们提供学习和教职的原因，并且愿意像家人一样对待她们，看重她们的未来。这些都让夏洛蒂很快回到这所学校。

1844 年 1 月她再次离开布鲁塞尔回到哈沃斯。

尽管是冬天，姐妹们依旧习惯在冰雪覆盖的荒原上散步，或者去基立的图书馆借书回家看。

她们很快就讨论了原来的开办一所学校的旧计划，并且兴致勃勃地开始实施了招生。她们积极重新设计房间，制作招生优惠卡片，找所有她们认为能够帮上忙的人写信求助。但是事与愿违，居然没有一个学生来上学！因为这里的确是太偏僻了！

作为文学爱好者的我们是多么庆幸于没有招到学生的她们。如果她们如期招到学生，我们将不会读到《简·爱》，也不会读到《呼啸山庄》，更不会读到《艾格尼丝·格雷》。

夏洛蒂发现自己谋生的愿望化成泡影，更让她揪心的是勃朗特先生眼睛差不多快失明了。

1845 年 1 月，玛丽·泰勒最后一次见到夏洛蒂，在这之后她去了新西兰。夏洛蒂说她渴望不孤独的生活，但是每一次都事与愿违，每一次在外做事情都不如意。她告诉泰勒她打算留在家里了。

1845年3月24日她在写给朋友的一封信中说：

> 我简直无法告诉你我在哈沃斯的时间是怎么打发的。我没有任何事情来标明时间的进程。每一天都很相似，都是那么沉重、没有生气的样子。星期天烤面包和星期六是唯一有特别标记的日子。同时，生命正在流逝。不久，我就要30岁了，我还一事无成。有时候，回顾往事，想想未来，不由得意志消沉起来。后悔是错误的，也是愚蠢的。不幸的是我的责任要求我待在家里。以前有一段时间，哈沃斯对我而言是快乐的地方，但现在却完全不是这样了。我觉得我们好像全被埋葬在这个地方了。我想去旅行、去工作、去过有生气的生活……

同一时期，她写了一封信给远在布鲁塞尔的埃热先生，她告诉对方自己曾经整天、整星期、整月地写作，但是现在她很担心自己的视力衰退，如果写得太多，自己害怕失明。她在信中告诉对方，要专门为他写一本书，她称埃热先生是自己曾经的唯一的主人。像任何一位曾经单相思的女孩一样，这种感情折磨着她，同时也激励她变得更好、更出色。

在这一段时间最让她们痛苦难堪的就是布兰维尔！对，就是他，他们兄弟姐妹中唯一的男孩。他从小就被视为天才少年看待，他不仅在姐妹中展现出出色的故事构思、文学创作能力，而且他还会绘画写诗，尤其是绘画方面，全家都对他寄予厚望。他在家里接受了来自父亲严格完全的教育，打下了扎实的基础。他曾经梦想当一名画家、出版家、诗人。他曾经在皇家艺术学院学习不到一年。因为学费太贵，还有另外一些自身的缘故，中断了学习。他也曾经专门抽出一年的时间专心绘画。现在很多图书封面用到的夏洛蒂三姐妹的画像就是出自他之手。

也许很多家庭都出现这样的状况，就是大家抱有厚望的孩子得到最无条件的支持，可以说他想做什么就做什么，从来没有衣食之忧之顾虑。在勃朗特家庭里，从来都是夏洛蒂三姐妹不停地学习出外工作，再回来休养生息，再出去做事情，再学习再做事情。她们都想自己多吃点苦，别的人就会少吃点苦。但是布兰维尔是一个例外，他每一份工作都干不久，每一次都有自己的理由。不但不能挣钱分担家里的责任，而且他总是好高骛远；对什么事情都能侃侃而谈，但是一接触实际工作就会傻眼，所有的聪明伶俐好像都消失殆尽似的。

家里最小的安妮，文静害羞，但是她却最能适应外面的世界，因为她个性上非常热忱，实实在在愿意付出而且也会适度迁就别人的喜好，所以第一次做家庭教师，主人家对她非常满意。当她回家过圣诞节时，对方要求她尽早回去。安妮年纪最小，对外适应能力似乎比两个姐姐都好，她 1840 年 5 月到约克郡附近的桑普 · 格林庄园担任家庭教师，而且一直做了两年多时间，直到哥哥布兰维尔 1843 年来到这里。他是来做鲁滨孙家男孩的家庭教师。他的来到对安妮还是对勃朗特家族都是毁灭性的打击。因为就在这短暂的时间里，他爱上了这里的女主人。女主人比他大 15 岁，对方不仅不回避这种感情，还鼓励他的深入。这年 6 月安妮永远地离开了桑普·格林庄园。接下来的 7 月份，布兰维尔与女主人有染被发现后解雇回家。

回到家中的布兰维尔任性、不安、多变和充满痛苦。他就像一个永远没有长大的孩子，比起他的姐妹来说，他丝毫不控制自己的情绪；勃朗特姐妹隐隐约约慢慢地明白不再期盼他有辉煌的前程，他永远也不会成为她们的骄傲；但是她们绝对没有想到这件不光彩的事情终将真相大白，布兰维尔无处隐藏的悔恨变成了愤怒，他的行为让她们感到一种无法形容的震惊和伤害。更可怕的是，他不但不痛改前非，而且还开始酗酒、借酒消愁。这不但无助于消愁，更让他进一步陷进一团泥潭之中。由于过量喝酒，他随意发脾气，身体也很糟糕；他仿佛一定要补足他人生下滑的全镜头，让每一个关心他的人深深不安和焦虑。

爱上一个自己本来就不该爱的人。这样的事情，布兰维尔并不是唯一，就像夏洛蒂也爱上埃热先生一样。但是无论如何一定要活下去，按自己的愿望理想活下去，抱着希望活下去。虽然痛苦也要活着，这就是夏洛蒂对自己的要求。所以她内心更加对自己这个从小到大都疼爱的弟弟充满愤怒和不屑。布兰维尔在接下来的日子里，不仅抓住一切机会喝酒而且还吸食鸦片。

就在这年秋天，夏洛蒂无意之间看到了一本诗稿，是艾米莉的笔迹。让她吃惊的是，这些诗歌写得如此之好，完全超出夏洛蒂的想象：这些诗精炼、简洁、饱满和真诚，而且充满了一种粗犷、忧郁、崇高的音韵之美。这些诗歌的品质带来的力量深深震撼了夏洛蒂。艾米莉本人是一个具有强烈个人界限的人。即使是亲人，不经过同意而闯入她的心灵花园，她一定会勃然大怒，不讲情理。夏洛蒂发现她的诗，读到她的诗，花了好几个小时才和她言归于好；又花了好几天时间说服她这些诗歌值得出版，说不定还有银子进账。正如后来夏洛蒂在再版《呼啸山庄》写道：“据我所知，世界上还没有同样的女性写过这样的诗歌，它们完全不是那种软弱无力的拖泥带水的，这些诗歌强烈而悲怆。像艾米莉这样性格的人，内心深处一定潜伏着星星之火，而自己就是为她燎原这些火而存在的人。”

夏洛蒂又让安妮拿出她写的诗歌，安妮的诗歌温柔、真诚、凄婉。

夏洛蒂决定说服自己的两个妹妹和自己一起出版一本她们三个人的诗集。因为她们在很多年前就怀有当作家的梦想，只是这个梦想虽像种子一样种下去，但因为客观条件并没有刻意令它们发芽。完全没有料到不经意间，它们已经茁壮成长。

我们来读一下艾米莉的诗，这些诗歌即使在今天读来也一样震撼我们的心。

老斯多葛主义者

我向来对财富不太看重，
爱情也被我视为草芥；
人生的荣誉只是一场春梦，
黎明来临顷刻间消失。

如果我要祷告，唯有祈祷
让我轻轻张开嘴唇：
“让心灵淡泊，远离尘嚣，

并且赋予我绝对的自由。”
哦，当我飞驰的光阴临近末日，
我全部的恳求只有一个
请赐予不羁的灵魂以勇气，
去耐心地穿越生死的边界。

艾米莉的诗歌在意向表达上就像小说一样，但有时候又像散文一样直抒胸臆。她有很多流传至今的名句让人耳熟能详：

再也没有光明照亮我的天堂，
再也没有第二个早上为我照耀；
我生命中所有的幸福都来自于你珍贵的生命——
我生命中所有的幸福和你一起躺在坟墓里。

艾米莉无论是日常生活还是在诗歌中，她都在展示和书写自己的独特。她就是自己宇宙的中心，哪怕这个宇宙如何之渺小，她也是自己宇宙的中心。她的独立与勇气在今天都是罕见的存在。尤其是今天，她的生活方式、她写作彰显的

III

力量，很少有人能够匹敌。她勇敢地呐喊：

> 我的灵魂从不怯弱，
>
> 从不在这狂风暴雨肆虐的地球中颤抖。

就像往常一样，她们说干就干。她们一致同意从自己写的诗中选出一些，编成一个小册子并且出版它。为了不公开身份，她们分别给自己取了三个笔名：柯勒·贝尔、艾利斯·贝尔和艾克顿·贝尔。她们取的名字非常中性化，她们希望读者更多地关心她们的作品而不是注意她们的性别。她们发现人们常常用偏见来看待女性的作品，要么想当然地认为女性作品一定具有女性的特征、女性的思维方式；要么就是不真诚地奉承赞扬。这两种方式都是她们非常不喜欢看见的。

1846 年 5 月底，经过一番努力，这本诗集问世了。

这本诗集并没有给她们带来实质性的改变，甚至都没有什么人注意这本诗集的存在。更为让夏洛蒂烦恼忧郁的事情是她的弟弟布兰维尔。在 6 月 17 日，她给朋友的信中写道："布兰维尔说他既不能也不愿意为自己做任何事情。给他提供了一个好位置，试用期两个星期，他就不可能正常上班。可是他除了喝酒，让我们伤心之外，什么也不愿意做。"

在7月4日，一份报纸的大众诗歌栏下登了一位评论者对她们诗集的评论，评论者一直认为她们是贝尔三兄弟。评论者认为三兄弟中艾利斯的水平最高，他评价艾利斯是“一个杰出而古怪的人”“翅膀显然有力，到达了以前无人达到的高度”。相信她们三人一定对这些评论都兴致勃勃地谈论过，也再次证明自古以来任何一部值得出版的书籍总会有有心人来发现阅读推荐。这些评论不需要用金钱来购买，发自内心、发自对文学的热爱和对作者的肯定。尽管此刻她们都默默无闻，但是她们的作品依旧值得读者的阅读。

诗集并没有卖出去多少，在当时只卖出去两本，布兰维尔不工作，父亲勃朗特必须要做白内障手术，不然眼睛几乎失明。夏洛蒂陪父亲来到医院做手术。这个夏天烦心的事情一件又一件。尽管如此，文学创作是带给她们最有成就感的事情，唯有创作让她们感到她们是如此从容、专注，写作的时光让她们忘记自己的烦恼和焦虑，忘记了人世间的不平等与伤害，唯有写作让她们感到自己人生存在的意义。

就在这一阶段，勃朗特姐妹写了《教授》《呼啸山庄》《艾格尼丝·格雷》，她们又开始了投稿出版以及不确定的等待中。勃朗特三姐妹完全是那种能够经得起世俗失败的人，也是那种不怕失败的人。这一点她们比许多男人都强。也许是布兰维尔的存在，更激起了勃朗特姐妹不甘心平庸的生活，勃朗特姐妹做给他也是做给自己看：瞧瞧我们，我们就是这样迎击失败和命运的残酷的！

很快《呼啸山庄》《艾格尼丝·格雷》就确定了有出版商愿意出版。但是《教授》接受了一次次的退稿，这本小说直到夏洛蒂去世后第二年才得以出版。后来出版《简·爱》的编辑史密斯先生在拒绝出版《教授》的同时给夏洛蒂写了一封信：一封编辑写给作者的信。这封信热情地讨论了作品的优点和不足，信中还提醒夏洛蒂，一部三卷本的作品更利于作品的优先出版。收到信的夏洛蒂马上就给史密斯先生回信，并且很快就认同了他的建议。在照顾父亲手术期间，夏洛蒂忍不住开始进行了《简·爱》的创作。这部小说成稿的时间非常短暂，可以说是一气呵成。不到两个月的时间，8月24日她就把《简·爱》的手稿寄给了史密斯。

编辑史密斯、出版商威廉姆都被《简·爱》深深地吸引，收到手稿后他们都是一口气读完的，并且马上开始出版事宜。这本书不到两个月就从手稿变成了图书，在10月16日上市。图书一上市就成为了家喻户晓的畅销书。就近两百年后的今天来看，《简·爱》的写作及出版速度都是惊人的，因为无论是作者还是出版人都是对自己的“本职”工作训练有素、得心应手！

紧接着《呼啸山庄》《艾格尼丝·格雷》也出版了，尤其是《呼啸山庄》引起了巨大的争议。可以说这部小说从面世之初直到今天在读者营垒中都是爱憎分明的。喜欢它的赞不绝口，不喜欢它的看都不看。所以从这个意义来说艾米莉的书具有极端的感情色彩，人性社会的残酷也一览无余。她的书照见了人性恶之深渊。

与之相反，安妮的书评论的人不多，争议性也不大。

但是大家都很好奇：柯勒·贝尔、艾利斯·贝尔、艾克顿·贝尔究竟是谁？他们是三兄弟还是一个人取了三个笔名？无论是出版人还是读者都不知道贝尔是男性还是女性。文坛中人乃至读者对贝尔一无所知。正是这样的神秘和好奇，让勃朗特姐妹的人和作品成为了大家当时都好奇的秘密。勃朗特姐妹也悄悄约定不能由她们三人任何一人把这个秘密告诉任何人，甚至包括夏洛蒂最好的朋友。她们的父亲也是《简·爱》出版好久以后，三个人都想给其一个惊喜才由夏洛蒂本人告诉他的。

如果不是美国出版公司急于出版关于贝尔所有的书籍，普通读者甚至出版《简·爱》的编辑们，都不知道贝尔们的庐山真面目。三个贝尔是三个姐妹，不是贝尔三兄弟；也不是一个贝尔不同阶段写的三个不同的作品。

美国出版公司要出版《简·爱》，甚至希望购买作者的全部版权。英国出版艾米莉、安妮作品的公司想当然认为夏洛蒂也是贝尔，所以把《简·爱》也代为出售其版权。而真正出版《简·爱》的公司也要证明他们拥有作者的版权代理，这样一来必须见到夏洛蒂本人。于是夏洛蒂、艾米莉、安妮需要第一时间赶到伦敦的出版公司说明情况，证明她们的的确确是三个人而不是一个人！艾米莉拒绝前往，于是夏洛蒂、安妮专程赶到伦敦。

1848 年 6 月大约一个星期六早上，无论是史密斯还是威廉姆斯都不知道夏洛蒂、安妮即将来到他们的办公室；也绝没有想到站在自己眼前的穿着黑色素装、苗条娇小、兴奋中带着一丝怒气的年轻小姐就是柯勒·贝尔、艾克顿·贝尔兄弟俩。因为他们也不知道柯勒·贝尔是一名女性，更没有想到她们还是三姐妹。虽然夏洛蒂在给史密斯的信中写过她们是三姐妹，但是对方并没有当作一回事。

《简·爱》获得巨大的成功的同时，夏洛蒂开始写新的小说《雪莉》，而安妮迅速写出新的小说《维尔德菲尔庄园的房客》。从伦敦回来不久，布兰维尔在 9 月 24 日去世。接下来 12 月 19 日，艾米莉也死于肺结核。第二年的 5 月 28 日，安妮也死于肺结核。就像多年以前她们的两位姐姐玛丽亚、伊丽莎白一样死于肺结核。

艾米莉和安妮都在前程似锦的时候故去，在生命之花绽放的时候凋零。夏洛蒂看着她们一个接一个在她怀中睡去——看着她们一个一个被埋葬。当她再次拿起笔续写《雪莉》的时候，身边再也没有人和她一起分享写作的快乐了。她一直坚持写作，重新编辑《呼啸山庄》。她不仅照顾父亲和家，还以自己的方式与文学出版文化界打交道，直到她六年后病逝。

在六年间，她及妹妹们的声名传播到世界各地，直到两百年后的今天。勃朗特三姐妹的人生经历和她们的故事作品，就这样成了永远的传奇，在英国最偏僻的荒原，勃朗特三姐妹每一个人都创造了自己的宇宙中心。

我将创造一个完全不一样的女主角：平凡矮小贫穷，但一样能吸引人

当夏洛蒂·勃朗特开始写《简·爱》的时候，她和两个妹妹有过这样的讨论。

在《简·爱》诞生之前，几乎所有的小说女主角都是理所当然的漂亮。

就像夏洛蒂两个妹妹也是这样做的人物设计，只有绝对漂亮的女主角才有绝对的吸引力。

夏洛蒂说妹妹们对漂亮女主角的人设是错误的，甚至道义上都是错误的。她告诉她们：“我要向你们证明，你们错了；我将向你们展现一个与我一样的平凡的、矮小的女主角，她将和你们的女主角一样能吸引人。”她特别强调：“但她不是我，仅此而已。”

自从小说被创作以来，几乎所有的女主角都是漂亮美丽的女主角，漂亮美丽是第一配置。女主角无论是《简·爱》这部书诞生之前还是之后的两百年来，一直是主流的构思与描写。

从陪同父亲去曼彻斯特治疗白内障以来，她们全家都处于焦虑之中，正是在陪同父亲做手术的这段时间里，夏洛蒂开始了《简·爱》的写作。

回到哈沃斯，夏洛蒂坚持听从自己内心的声音：留在家里，而不是去找工作。她渴望靠写作为自己寻找出一条道路来。

勃朗特三姐妹都同时在家里，当收起每天做的针线活后，她们最开心的事情就是讨论她们各自正在写的故事，描绘故事的进展。每个人都朗诵自己写作的部分给另外的人听，大家纷纷提出自己的看法和见解；但是自己也会坚持自己的写作特点。在写作上她们每一个人都充满了自己本能的自信。夏洛蒂想构思一个更加真实的女主角，这个主角外表普通平淡朴素、矮小其貌不扬。平常这种人存在在我们这个平凡的世界中，也许就是你也许就是我，总是那么匆忙那么没有吸引力；她们不是美女也能得到自己的爱情和幸福。这是夏洛蒂对小说标准的挑战，也是对姐妹们真诚热忱的鼓励。

她本来是一个开朗活泼的女孩子。当妈妈病逝，接着两位姐姐也病逝的时候，她自觉地变得文静温柔起来。她既要是一个懂事的长女，又要是一个温柔的姐姐，还要是一个会管理并做好家务活的小女主人。她自己最渴望的本性就会被客观现实的需要而隐藏起来，就像她想早点找到一份稳定的工作。在她那个时代的女性大致也只有这样的两份工作：做家庭教师和裁缝。所以从小她就刻意地学习如何做好这两份工作。她做得好，但不是发自自己的内心，而是为了给父亲减压、给妹妹们创造更好的条件。她受的苦不希望妹妹们再受。

现实总是非常残酷，令她无法适应外面的世界。虽然每一份工作她都能够胜任，但是身体却异常糟糕；自己和妹妹准备办学校，但是却招不到一个学生来；自费出版的诗集只售出两册；自己写的小说《教授》一次次辗转不同的出版公司依旧遥遥无期；父亲几乎快要失明。糟心事情一件又一件，但是这一件又一件的事情让她必须在一段时间待在家里，必须走出一条新的道路，必须来一次真正的人生逆袭——创造一个完全不同世俗标准的女主角也是她自己逆袭的一部分。因为这样女主角不仅仅是她，也是你，更是我的影子！这也许就是简·爱这个人物自从被创作出来，就成了永恒经典人物的深刻真实的原因。不但得到了当时读者的喜欢，两百年来也赢得了全世界人们的喜欢与挚爱。因为像简·爱一样的女性越来越多：一个女性如何完成自己的成长，如何完成自己的逆袭，如何从外表的平凡普通中脱颖而出，成为自己人生的赢家。遇到爱情遇到幸福，这是每一个女性必须要面对的终极问题，而夏洛蒂用小说的形式告诉了我们答案。

简·爱出现在读者面前：她矮小普通，她还贫穷，但是她绝不温顺；她爱读书爱思考，她倔强。她的心灵和精神世界完全没有被世俗模糊而不确定。简·爱深知自己不美且穷，正因为如此，她才会建立起不以物质金钱、不以颜值美貌的人生价值体系。她在自己的心底喊出："我深知我的弱势，但是我绝不用我的弱项来赢得你的同情和关怀。"因为对于世俗的人来说，那样只会赢得嫌弃和更加急剧的疏离。简·爱只需要自己需要的，只追求自己的价值标准。

当 18 岁的她来到富裕殷实的富丽堂皇的罗切斯特庄园时候，她有勇气对罗切斯特说："罗切斯特先生，别去管什么珍宝！我不喜欢别人谈起它。给简·爱谈珍宝，听上去如此不合时宜，甚至古怪。谈些别的吧，换一个调子。别把我当作美人似的跟我说话。要记住，我是你不美的，贵教会教徒似的家庭教师。""我想，先生，光凭你年龄比我大，或者见过的世面比我多，你是没有权力来命令我的；你是否有权自称优越，那要看你怎样理解你的岁月和经历了。"

简·爱不介意一开始就亮出自己的宝剑：我不美，我对金钱建立起来的物质完全没有兴趣，所以这一切对我没有诱惑；我只对人有兴趣，我只对心灵精神世界的交流感兴趣——这样的宣言到今天也没有多少女性能勇敢地说出来。

我不美且贫穷，但是我有自己的心灵和精神世界。我活在自己的价值标准中，我与你交往，是与一个灵魂精神独特的你交往，而不是与你拥有的物质交往。多少人能够拥有如许的内心定力才能完成自我的完善与自我的成长，而不惧成为其自己。

直到今天，就是读着《简·爱》的平凡女孩，哪怕拥有丰富的心灵世界，但对于外貌来说，很少有人甘愿以矮小平凡自居。绝大多数人依旧觉得自己长相和自己的心灵美、气质美成正比。

而更多的男人也是如此，用物质的展示来吸引女性的关注，好像这些物质的东西完全可以代替自己对喜欢的心仪的女孩子说话谈心。在男人与女人之间有多少人是通过心灵与精神世界的沟通作为交往的桥梁；有多少人是真正看着你的眼睛，听着你的话语，读懂你的内心。

世界上自从有了简·爱，便就有罗切斯特的存在。他已经阅人无数，他已经走过许多的路，他已经懂得再次回到人之初：靠本我去识别真善美！正如他说：“对于只是以容貌来取悦我的女人，我发现她们既没有灵魂也没有良心……可是对于明亮的眼睛、雄辩的舌头，火一般的灵魂以及既柔和又稳定、既顺服又坚定的能屈不能断的性格，我却永远柔和忠实。”

比起罗切斯特阅人无数而得到了看女人的定力，那么简·爱似乎是一出道就已经为自己立下了超越时代做自信女人的终极人生指导：我以我的人性来吸引人性，我以我的精神来吸引精神，我以我的尊严来赢得尊严，我以我的能力来养活我自己，我书写我自己人性的高贵。要自爱，不要把你全身心的爱，灵魂和力量，作为礼物慷慨给予，浪费在不需要和受歧视的地方。

“你以为，就因为我贫穷、低微、不美、渺小，我就没有灵魂、没有心吗？你想错了，我和你一样多的灵魂，一样充实的心。如果上帝赐予我一样的美和许多钱，我要你难以离开我，就像我难以离开你一样。我现在不是以社会生活和习俗的准则给你说话，而是我的心灵和你的心灵说话……当我们的灵魂穿过坟墓来到上帝的面前的时候，我们都是平等的。”

也许人的天性就是如此不完美，我们常常忽视自己是一个人的存在，我们的美好心灵、我们善良的人性，实际上我们每个人都希望有人来看到我们的美好、我们身上的光。

简·爱帮我们每一个人都大声地说出来了。

简·爱就是每一个贫穷卑微但是不卑贱的我们：我越是孤独，越是没有朋友，越是没有支持，我就越尊重自己。

简·爱自此以后，就像夏洛蒂写到的："我渴望自己具有超越那极限的视力，以便使我的目光抵达繁华的世界，抵达那些我曾有所闻却从未目睹过的生机勃勃的城镇和地区。"

《简·爱》自从出版以来，就成了无论是文坛还是图书市场的畅销书，而且很快就被美国出版；这两百年来《简·爱》六次改编成为电影，多次改编为电视剧，在许多国家的剧院改编成话剧。无数人都被简·爱所感动。很多女孩甚至可以说是简·爱陪伴了她们的成长，让她们内心有了更多的鼓励与自信，来面对外面的世界。

今天每一个喜欢《简·爱》的女孩们，愿我们走过人生艰辛的路程后，遇见你心中的罗切斯特，遇见心中的海伦，遇见如同春天般温暖的家人朋友。这个世界虽然残酷但是它也是充满着理解与真诚。做好自己的简·爱吧！

我的灵魂从不懦弱

她们一家刻意保持着离群索居的状态，她们从不主动去别人家，但是对需要帮助的人总是非常热忱和慷慨，哪怕她们为此一直过着非常节俭的生活。她们喜欢荒原的散步和孤独带来的自在与自由。

尤其是艾米莉·勃朗特，她特别喜欢与大自然相处，而不是与人相处。

但是，从小她都是家里最乖的孩子。

表面上她孤独、倔强、几乎不怎么说话，但是她最喜欢分担家里的家务活，尤其擅长做面包。她说如果每个人都像她这样管理好自己，世界上就没有那么多矛盾了。

她常常给人非常古怪的感觉，她常常穿着过时的衣服。

在比利时布鲁塞尔学习的时候，总是有人嘲笑她，她从不介意，她回答：上帝造她的时候，她就是这样穿的。她不介意自己的过时的衣服，她更介意自己是否是一个懂事的女儿、夏洛蒂的妹妹、安妮的姐姐。她懂得更多的是节俭的生活吧！

她从小就像一个男孩似的顽强，她最喜欢的狗基普违反了家里的卫生规定躺在床上睡觉，只有她冲冠一怒赤手空拳打了小狗一顿；不打不相识，小狗和她感情最深。她去世后，小狗闷闷不乐悲伤欲绝。

她曾经照料一只野狗，野狗反而咬伤了她，她马上跑到厨房，用烫红的烙铁把自己的伤口烫焦，以防感染。

她 17 岁的时候，在姐姐担任教师的伍勒小姐开办的学校学习三个月就回家了，因为她非常想念自己的家，离开家和荒原让她完全无法适应。20 岁的时候，她在帕切特小姐的学校任教，她只待了 6 个月，因为思念家而再次回家。24 岁那年，她再次陪姐姐夏洛蒂去布鲁塞尔学习了 9 个月，因为姨妈去世后回到了家。从此她再也没有离开过自己的家。

似乎从来没有一个女孩像她这样无法离开家，希望一直待在家里。

通常大多数女孩子都希望离开自己偏僻的家，去更远的地方更大的城市，那样的生活才有价值和意义。

不仅如此，她刻意地保持矜持，她不需要与人交流来觉知自己的存在，也不需要别人的关注来感知自己的特别。她似乎从小就学会了在孤独中与自己对话、与文学对话、与大自然对话。这个世界上，有的人是通过外部的世界来确认自己，被人点赞，才有一点儿自信；艾米莉这样的女孩是通过自己的内心、自己的灵魂来确认自己的存在与自信。

就像大自然里的向日葵懂得追随太阳的脚步，艾米莉的写作就是如此，这个太阳就是她的内心与灵魂。

不愿意被人知道，哪怕是自己的姐姐看到自己的诗稿，也会勃然大怒；因为只有这样对于她来说才能更自由地写作。

她比男人更刚强，她比小孩还单纯。

单纯的心并不是不懂人情世故、不懂世道艰难，她从小就生活在一个爱谈论政治和文学的大家庭里；虽然身处偏僻荒原之地，但是看到的天下大事不比大都市的人少；哈沃斯很早就进入了工业化的进程，她看到的贫富差距，看到的农村凋敝，看到的流浪的人和流浪的狗一样让她有同情的心。社会的固化和人性的无助以及爱情的悲剧及爱的力量让她很早就有了异于常人的思考。

当姐姐写着《简·爱》中“我”的时候，这个我的爱、我的恨、我的痛苦都一目了然，最后这个我终于嫁给了有钱有品的罗切斯特，一个灰姑娘终于变成了公主。但是艾米莉却已经在书写爱情在财富、地位面前的卑微与无助了。艾米莉的小说看上去与她的生活毫无联系，但是却写出了人性深渊。

《呼啸山庄》里一个被主人好心捡回来收养的流浪儿希刺克厉夫爱上了主人家的女儿凯瑟琳，凯瑟琳也深深地爱上了他。他们虽然处在不同的社会地位上，但是他们都渴望荒原的世界，渴望自由，渴望野蛮而顽强的外面的生活。爱情就像狂风暴雨一样洗礼着彼此的身心，也让他们的心彼此深深相印。就像许多爱情的结尾一样，大小姐嫁给了同样门当户对的大少爷林顿，也不能说凯瑟琳对林顿就没有感情和爱，只是这种感情和爱与前者完全不一样而已。

就像凯瑟琳所说："我对林顿的爱就像树林中的叶子，当冬季来临之际树木被改变，随之而来时光改变了树叶。我对希刺克厉夫的爱就像地下恒久不变的岩石。虽然看上去没有什么多少乐趣，但是这种乐趣却是必不可少的，希刺克厉夫已经成为我生命的一部分而存在。"

我这么爱他，不是他长得英俊，而是他比我更像我自己。不管我们的灵魂是什么做的，他的和我的完全是一样的。"

爱情有多么美丽，就有多么残酷。"

希刺克厉夫消失三年后再次回到这里的时候，进行了颇费心机的报复，掠夺了少爷家所有的财富，让他们破产，变得一无所有。

这样的爱情和复仇故事并不少见，但是艾米莉最了不起的是写出了希刺克厉夫并没有因为毁灭和报复带来如意的欣喜和快乐。

在希刺克厉夫身上我们感觉不到讨厌，甚至你在阅读小说的时候，都恨不得自己给他添上一把火，因为相信每一个人都渴望有情人终成眷属。金钱始终是不能战胜爱情的，虽然这只是在小说里。

按理说希刺克厉夫毁灭了别人，心里该心满意足了，但是他觉得异常地痛苦，因为毁灭没有带来爱，只带来更多的恨与痛苦。

就像艾米莉替爱着的人写到：如果你仍然存在于这个世界上，那无论这个世界变成什么样子，对我而言都是有意义的；如果你已经不存在于这个世界上，那无论这个世界多么美好，我的心，也像无处可去的孤魂野鬼。

强烈的情感、真挚的感情、非凡的热情、无处不在的忧伤……她把爱情的痛苦、迷恋、残酷、执着、曾经如此，没有谁像她这样描述出来。一个从来没有恋爱过的女子，一个

30 岁之前就完成了自己披荆斩棘的文学旅程的女作家，她似乎早就清楚自己的时间不多，似乎又很渴望看到未来的自己。艾米莉有一本写给自己五年后的日记，写给自己 30 岁看。在她笔记本里写到那时的她已经完成了自己终极文学史历史地位的建立。也许这对于她来说也是一个满满的惊喜！

就像毛姆在《阅读是一座随身携带的避难所》里写道：“这并不是一本拿来讨论的书，而是一本供人阅读的书。发现小说的不足之处是很容易的，但它拥有那种只有极少数人、几个小说家才能给予的真实的东西——力量。”

这是一部很差的小说，又是一部很好的小说。它丑陋不堪，却又美不可言。这是一部让人害怕的小说，让人痛苦、震撼力强、充满激情的书。

也许只有如艾米莉这样的女孩才可能写出这样的小说——无所顾忌、无所不知、无所畏惧——就像一个在荒野里成长的孩子：野蛮、顽强、自由。最重要的是：勇敢地爱。

唯有写作抚慰她这一颗敏感而受伤的心

有的人注定出手不凡，成为传奇。

玛丽·雪莱就是这样的女性。

在今天也许一个中学生可以不知道比希·雪莱、不知道拜伦，却一定知道《弗兰肯斯坦》这部小说和这部电影。这是玛丽·雪莱18岁创作的作品。

《弗兰肯斯坦》的故事内容是这样的：野心勃勃的生命科学研究学者弗兰肯斯坦靠拼凑尸体创造出一个面目可憎、奇丑无比的类人怪物。怪物虽相貌丑陋，却天性善良，奈何创造者遗弃他，世人排挤他，终于他开始了疯狂报复。杀光了弗兰肯斯坦的一个一个朋友、亲人和新婚妻子，最后和弗兰肯斯坦同归于尽。

这部小说被公认为世界第一部科幻小说。从 1818 年出版以来，已被翻译成 100 多种语言，根据这部小说改编的电影、话剧、音乐剧等舞台剧多达几十个版本。

当年玛丽·雪莱身边是两位伟大的天才文坛巨星：雪莱和拜伦，还有名声显赫的父母。他们做梦都不会梦到玛丽·雪莱在一百多年后的今天会有如此广泛的公众影响力。18 岁的她思考的问题：人类是否可以成为造物主？科学的边界在哪里？在今天看来都有非常深刻的现实意义。

这部小说并不是玛丽·雪莱刻意构思的小说。这部小说是拜伦、雪莱、玛丽姐妹还有拜伦的私人医生在 1816 年夏天的日内瓦郊外聚会时，由拜伦提议大家每一个人写一篇鬼故事中的一篇。当拜伦、雪莱把这个当作心血来潮的游戏搁笔之后，玛丽·雪莱却信心满满，立意写出一篇“十分精彩又能启发人们的新故事，还必须要有人性中莫名的恐惧感”。拜伦的私人医生波利多里多年后写出了《吸血鬼》，开创了吸血鬼小说的先河。不能不说，天才身边的人也是天才！

也许这就是天才和普通人的不同，拜伦随随便便一个游戏提议，就促使了两部伟大小说的诞生。如果张爱玲说：出名要趁早！有身体的人用身体吸引人，有思想的人用思想吸引人。那么玛丽·雪莱就是一个既有身体又有思想的人，玛丽·雪莱容貌出众，就是今天所说的既有颜值又有才华的女性了。属于无论身体还是思想都吸引人的女子。

有的人注定生下来就不同，玛丽·雪莱出生不到十天，她的母亲就因为产后感染不治而去世。更可悲的是她母亲去世后，其父亲写的一部回忆录让她母亲死后一百多年来都受到误解。玛丽·雪莱的母亲玛丽·沃尔斯是早期女权主义者。她1792年发表的《女性辩护：关于政治和道德问题的批评》以及后来的《人权辩护》都是划时代的作品，可以说是女权运动的先锋人物。她对后来的弗吉利亚·伍尔夫、波伏娃都有深刻的影响。她认为妇女只有接受教育才能学会思考问题，也才最终谈得上经济独立、人格独立。大堆的嫁妆并不能保证妇女的幸福与自由。她本人一直都努力工作，刚开始是当家庭教师、办学校，后来是成为职业作家，就在今天看来也是非常独立能干努力的新女性！可以看到玛丽·雪莱更多地继承了母亲的精神遗产，用实际行动来回应了自己的母亲。

玛丽·雪莱的父亲葛德文是当时非常有名的英国政治学家和著名作家。他本人受过严格的宗教教育，曾经是一个牧师，后来深受法国启蒙主义的影响蜕变成为一名无神论者。

他最有名的作品就是《政治正义论》（全名是：《论政治正义及其道德和幸福的影响》），他认为个人权利神圣不可侵犯，认为财富社会制度都是导致人与人不平等的原因。他的思想极大地影响了后来的欧文的空想社会主义。当时雪莱等都受他的影响，非常崇拜他。虽然声称个人权利神圣不可侵犯，但是葛德文对自己这个亲生的女儿却很少直接地热忱地表达关爱。

玛丽·雪莱这样描述她的童年：我还是婴孩的时候，没有父亲关注我，也没有母亲用微笑和呵护祝福我；父亲很快就和别的女人结婚了。继母又带来了自己的孩子。

天才都是自己教育自己的。玛丽·雪莱还是叫玛丽·葛德文的时候，她的继母不同意她出外上学，她的父亲请了家庭教师来教她。她可以说是自己教育自己，她阅读了大量的书籍，当然也包括她的父母的作品。尤其是她母亲著作对玛丽的价值观、精神世界有深刻的影响。

父亲和继母的不关注，给她带来了更多的自由和方便，那些被父母过度关注的孩子反而会有巨大的压力，不关注反而好像散养的孩子更具有了主见和独立思考精神。在不知不觉中，15 岁的她在偷听家里来访客人的高谈阔论中也增长了不少见识。父亲葛德文在当时是一名主张人人生而平等的先驱人物，家里时常高朋满座，崇拜者时而有之。就连雪莱夫妇也是慕名而来，登门拜访。

雪莱在葛德文家里认识了玛丽·葛德文，此时此刻的她，在父亲眼中“有些傲慢，异常大胆，心态积极，渴望追求知识，对遇到的事物有坚持不懈和不屈不挠的精神”。雪莱迅速被玛丽·葛德文吸引。在雪莱的眼中玛丽·葛德文既高傲又忧郁、既美丽又聪慧，可以说他们两个人是一见钟情再见倾心的一对才子佳人。

雪莱此刻早有自己的妻子。雪莱出生官宦世家，他非常聪明有才，桀骜不驯的本性一早就显露出来。他 8 岁写了第一首诗歌，12 岁上伊顿公学，18 岁读牛津大学，19 岁因为将自己的论文《论无神论的必然性》寄给大主教而遭到牛津大学的开除，父母也因此和他断绝往来，他靠妹妹救济而生活。他的妻子哈丽特是她妹妹的同学，是一家小旅店店主的女儿，是雪莱穷困潦倒时认识的女友。他们私奔到爱丁堡结婚，并没有得到父母的祝福。

雪莱对于葛德文的家庭来说，简直是一阵超级飓风。

葛德文家有三个女孩都爱上了雪莱。

玛丽的姐姐范妮两年后因为暗恋雪莱觉得无望自杀，雪莱的妻子哈丽特两年后自杀，此刻她已经是两个孩子的妈妈。

当玛丽·葛德文和雪莱开始私奔的时候，玛丽另外一个妹妹克莱尔也一起走了。克莱尔不但喜欢雪莱，还勾引拜伦，还一度游说拜伦勾引玛丽·雪莱。

这一次私奔出走，对葛德文来说，世界上简直没有比这个更可怕的事情了。葛德文在给朋友泰勒的信中写道："原来是雪莱夫妇慕名来到葛德文家，一年前还自告奋勇要帮助葛德文摆脱经济困境，却不觉间已经和自己最美貌、最聪明的女儿私奔了。"当然在私奔前，雪莱、玛丽都给葛德文吐露过计划，但是葛德文强烈反对，于是在他看来玛丽和雪莱都用欺骗的手段骗了他，并且最要命的是雪莱最针锋相对的对头、对其极其反感的克莱尔也一起跑了。在葛德文看来，玛丽是有罪的，克莱尔是有错的，雪莱将带给她们终生的污点。

父亲又生气又着急，但是玛丽在私奔前写给雪莱的信却是如此轻松自如，也许每一个恋爱中的人都是这样，她写道："我最亲爱的人，我不知道是什么力量促使我给你写这封信。可是，送信的人说一定要回复，我就回了。简直是奇迹，我替你省下了五英镑，准备带给你。啊，真的，我亲爱的雪莱，但愿我们将来真会幸福。我三点钟来和你相会，并将带来一大堆皮货街的新闻。愿上天保佑和赐福给我的爱人。"

这封短短的信中，我们可以看到小小年龄的玛丽，俏皮活泼，很有主见。在爱情中，她绝对不是一个不食人间烟火的女子，她表现出对经济的掌控远超她的父亲和别的很多成年人。她以后过上了完全靠写作养活自己的生活，不接受别人的资助的生活，在今天都是非常了不起的。

从 1814 年到 1822 年，从她 17 岁到 25 岁，她生了四个孩子，其中三个夭折，最后一次怀孕流产差一点儿丧命。命运似乎让她要为美貌才华吃尽苦头，一点都没有让她因为颜值才华而轻松。这一年命运又给她一个意外：雪莱溺水而亡。这时她 25 岁。

25 岁的她已经过了别人几辈子的人生！

雪莱从来没有在感情上安宁过，无论是他追逐别人还是别人追逐他，从雪莱的身上我们可以看到一个才华横溢的天才男人是无法做到孤独两个字的，因为他没有这个时间和空间。雪莱的死对她来说既是痛苦也是解脱，从此不再因为他的多情而煎熬，从此不再因为他的私情而痛苦，唯有写作让她忘记了时间和伤害。

因为写作，不仅仅让她专注于自己的世界，同时也更能理解雪莱这样一个自己的丈夫。

一年后，她带着她和雪莱唯一的孩子回到英国。她的父亲愿意给他们提供很少的钱，但是要求她与雪莱划清界限。她拒绝了。她不但没有划清界限，她还整理出版了雪莱的诗集作品，并且她为了让雪莱的作品顺利出版，煞费苦心。她在雪莱的作品上写道：“他的天才和品德曾是这个世界光荣的冠冕——他的爱一直是幸福、和平与善的源泉。”

玛丽·雪莱开始了真正以写作为生的人生，她勤奋努力，靠写作养活自己和孩子，一生写了 16 本书，除了《弗兰肯斯坦》，还有《最后一个人》《永生者》等等，其中《最后一个人》也改编成电影。她的小说在经过一百年的时间考验，不但没有被人遗忘，在今天反而得到越来越多的年轻读者的喜欢。

当她回到英国，突然她发现自己“真奇妙！我发现自己出名了。《弗兰肯斯坦》获得了巨大的成功，还要在伦敦歌剧院进行 23 次演出”。

当美国演员霍德华·佩恩向她求婚，她拒绝道：“嫁给过一个天才，只会嫁给另一个天才。”她终于在岁月的磨炼中，变得越来越强大，她不再需要男人来证明自己，也看轻了男人的陪伴和爱情。如果雪莱还在，一定会明白这首他的诗歌已经被玛丽·雪莱书写出新的意义：我们重逢和分别时如此不同！

煎熬苦难都没有打倒她，因为她是天才少女！

时间岁月都没有遗忘她，因为阅读写作成全了她人生的奇迹！

永葆美丽的秘诀

永葆美丽的秘诀

若要双唇魅力，在于亲切友善的语言

若要双眼可爱，善于看到别人的长处

若要苗条的身材，把食物分享给饥饿的人

美丽的秀发，因为每天有孩子的手指穿过它

优雅的姿态，来源与知识同行

人之所以为人，是必须要充满精力、自我反省、自我更新、自我成长

而并非向他人抱怨

请记得，如果你需要帮助，请从现在起善用你的双手

随着岁月增长，你会发现，你有两只手，一只帮助自己，

一只帮助别人

你的“美好的流金岁月”

还在你的前方，希望你能拥有！

这是奥黛丽·赫本终生都喜欢的一首诗。这首诗出自教师、作家和幽默演员萨姆·莱文森在他的孙女过生日时为她写下的一首诗。奥黛丽·赫本在离世前和家人过圣诞节的时候，还特别朗诵了这首诗歌，而且她还为诗歌以自己的方式命名。

读懂这首诗，也就读懂了她——奥黛丽·赫本。

奥黛丽·赫本总是那么优雅、美丽、纯洁、勇敢、热情、浪漫，尽管从小就遭遇了父亲的离开，但是幸运的是她有一位非常爱她的母亲，并坚持让她学习舞蹈；她从小就有自己的主见和勇气，给反纳粹组织送过情报；她经历了二战期间的饥饿贫穷，所以她关怀每一个被贫穷饥饿折磨的孩子。

奥黛丽·赫本从小就渴望成为一名芭蕾舞团的首席女演员，因为战争她错过了最佳学习时间；另外就是她的个子太高，对于当时男演员来说，与她搭档是无法完成托举动作的。奥黛丽·赫本听从了自己舞蹈老师玛丽·兰伯特的建议，就是她自身的条件的确不具有芭蕾舞团首席的竞争力，但是赫本立志一定在自己从事的领域做一个出色的人。

奥黛丽·赫本在《罗马假日》里扮演的安妮公主至今都无人超越。她留着短发穿着男士衬衫及平底鞋开创了一个女性着装的新时代；她重新定义了女演员是也可以不靠性感来取悦讨好观众的。

尤其是她在《蒂凡尼的早餐》影片中，所饰演的一个贫穷漂亮年轻的女孩子不甘心贫穷和平庸的生活，一方面特别注重物质生活。但是当爱情来临时，又迅速把女性的真善美展现无疑。尤其是她穿的小黑裙迅速成为一代又一代爱美爱时尚的女性效仿的标杆。作曲家亨利·曼奇尼因为奥黛丽·赫本而谱写的电影插曲《月亮河》，至今广为流传。很多年以后作曲家说正是因为奥黛丽·赫本身上那种淡淡的忧伤，给了他与众不同的创作灵感。他说当他第一次遇见奥黛丽·赫本的时候，就知道《月亮河》会成为一首非常受欢迎的歌。奥黛丽·赫本并不是一个专业的歌手，但是她做到了，把这首歌演绎得尽善尽美，没有人比她更能体会这首歌的含义。

奥黛丽·赫本凭借自己的天赋和努力很快就以聪明伶俐、单纯可爱、热忱浪漫、坦诚直率、充满梦想、机智而非狂妄自大、温柔而又坚持原则的鲜明形象展示在大众面前。她的优雅与美丽深深地吸引了每一位喜欢她的人。

奥黛丽·赫本一直遵循简单的原则，不管拍戏、出席派对还是处理人际关系，总是用这样的处理原则告诫自己，那就是：做那些最需要你做的事情，清楚地知道你到底要的是什么。如果你要得太多，不但什么都得不到，而且会把你的生活搞得复杂劳累。

正是因为遵循这样的原则，所以她的两次婚姻，生了孩子后马上就减少出演电影的时间。她认为给孩子们一个在她陪伴下幸福快乐的童年至为重要。她是第一位在好莱坞当时出演一部电影能拿到100万美元的女演员，但是她从不过度消费自己的名声和形象；所以等孩子长大后，她又担任联合国儿童基金会的亲善大使多年，直到她病逝。

尤其是她息影后，总是有各种各样的人通过她身边的经纪人来请她写传记，开出的版税高达300万美元，但是奥黛丽·赫本每次都以没有时间作为托辞拒绝了。一方面是奥黛丽·赫本把亲善大使作为自己最主要且最重要的工作来做，另一方面是她骨子里的低调使然。在她开始为联合国儿童基金会工作以来，她一半的时间是奔赴在非洲那些当时还非常贫穷落后、还处在战争中的国家。在这些地方可以说工作起来非常危险，但是奥黛丽·赫本不怕吃苦也不怕危险。她万万没有想到经过几十年来的努力奋斗，当年那个曾经接受过红十字协会资助的小女孩，到了老年却发现有上亿的人们还处在没有食物、没有衣服、没有学校、没有医院的状态。尤其是索马里之行，完全颠覆了她的想象，她说：“他们的孩子死于饥饿，而我们的孩子忙于减肥。”她对于社会的不公正充满愤恨，与此同时也对那些挣扎在死亡边缘的孩子们充满了巨大的关怀。她另一半的时间就是用自己的名声和自己的影响力说服政府、机构、富人捐出钱来改变这一切。她有勇气说：“联合国儿童基金会是一个人道主义组织，而不是一个慈善组织。它解决的是发展问题，而不是像福利救济那样，只是向伸出的求助的手里分发东西。我去过埃塞俄比亚、委内瑞拉、厄瓜多尔、墨西哥和苏丹等国家。在这些地方，我看到的不是伸出要东西的手，而是沉默却有尊严，以及对有机会自己帮助自己的渴望。”她常年奔忙在不同的地方之间，帮助那些需要帮助的人，只有中间的时间片段用于自己短暂的休息。这就是奥黛丽·赫本晚年的时间。她用她的声誉和魅力建立一种社会上层和下层之间互相了解的通道，一种社会上层和下层之间真诚的互动，上层帮助下层，下层获得帮助自己的技能和方法。地球本来就是一个村落，需要大家更加亲密坚定地团结起来。

奥黛丽·赫本被新闻媒体炒作最多的就是她的两次婚姻，但是无论记者如何挖空心思都拿不到她任何值得非议的地方。

她深刻理解这些记者的职业不容易，对他们都是礼貌而优雅。

在她的两次婚姻结束后，奥黛丽·赫本和两位前任都保持着友好的关系。虽然第一位丈夫梅尔·费勒和她的来往几乎很少，但是他们深知彼此心中都为这份感情努力过，用他们孩子肖恩的话来说就是他们彼此错过了正确的合适的表达时间，所以问题越来越多，直到无法表达。她和第二任丈夫安德烈·多迪分手后，他们从没有交恶，反而安德烈·多迪不仅对自己亲生的孩子好，而且对奥黛丽·赫本和费勒的孩子肖恩也非常好。可以说，奥黛丽·赫本为了孩子们的幸福，已尽最大可能的和谐去处理好与孩子父亲们的关系。这在今天看来都是非常有借鉴意义的。奥黛丽·赫本的最后一位伴侣也是陪她完成亲善大使之行的罗伯特·沃尔德斯。他欣赏并且真诚地陪伴奥黛丽·赫本，一直到奥黛丽·赫本病逝。

正如奥黛丽·赫本坚信的：爱能治愈任何伤口，而且会让生命变得更美好，她做到了：

用爱去对待世界；同时也得到世界对她的爱。

她用自己的经历告诉大家：一个女人真正的美丽在于她灵魂深处，在于她给予的人们的关怀、爱心和她的激情。

奥黛丽·赫本最让人佩服的就是她尽最大可能让每一个和她相处的人成为自己的朋友知己，无论女性还是男性。

当战争击碎了她的舞蹈梦想，从开始做一些模特工作到一些演出，这些工作都中规中矩不温不火，是女作家克莱特发现了奥黛丽·赫本，是她让赫本出演了她在美国百老汇《姬姬》的女主角。赫本是如此娇柔、美丽、光彩照人。正是因为这部音乐剧，给她带来出演《罗马假日》的机会。而这部电影的男主角是当时已经非常出名的格里高利·派克，奥黛丽·赫本终生都和他保持着单纯真挚的友谊。派克是她的朋友，更像她的父亲和兄长，是派克坚持在电影海报上把赫本的名字写得更大、更醒目；是他在片场陪她打纸牌，给她安慰鼓励；是他坚持赫本的演出费和他一样多；是他把自己的好朋友梅尔·费勒介绍给了奥黛丽·赫本，因为他认为他的好朋友与她更般配。是他在她新婚时送去一个蝴蝶形的蓝宝石胸针作为礼物，也是他在她去世后在其拍卖时又重新买回来。他看着她一路成长，看见她的快乐和痛苦，看着她越来越丰富和美好。在《罗马假日》里，赫本穿的平跟鞋出自意大利设计师费拉加莫设计，正是因为这双鞋他们结下了友谊；多年后，当费拉加莫经营的制鞋公司每年达50亿美元的规模时，他和赫本儿童基金会合作，专门成立治疗受虐儿童的组织。

今天时尚界都知道的赫本与纪梵希的友谊，纪梵希的设计可以说是陪伴了赫本一生。是他的设计彰显了赫本的优雅和品位。纪梵希本人也是一位温文尔雅的绅士，正是他们俩都拥有平凡中的谦逊和高贵的品质才会激发出这么多优秀的设计出来。纪梵希设计的裙子让赫本在电影里建立了一种女人简单优雅的新型时尚，是他设计的粉红色小套装裙子伴随她第二次的婚礼，是他设计的各种晚礼裙让她在出席各种场合时有了自信，是他设计的简单的麻质衬衫伴随她走完那些亲善大使的路程。即使是他设计的第一款香水“禁锢”那也是为了送给奥黛丽·赫本的。当赫本在美国被确诊晚期癌症的时候，她选择放弃化疗，想急切地回到瑞士的家中，是他用私人飞机送她回家。他对她说：在他的生命中，她意味着全部。

在她病逝后，纪梵希、派克、费勒、多迪都来为她送行，因为她得到了他们发自内心的爱和珍惜。在她病逝不久，她的家人以她的名义成立了奥黛丽·赫本儿童基金会，用以帮助那些世界上贫穷的孩子们。

奥黛丽·赫本经常说，设身处地地站在他人的立场上考虑问题是一种优良的品德。奥黛丽·赫本终生都在锻炼这种能力，就像一个人锻炼肌肉一样。她是一个把身体灵魂合二为一的人。尤其是她对待自己六岁时不告而别的父亲，赫本一直都在找他，自从有能力做这件事情以来。而她的父亲并非像别人描绘的是一个成功的银行家，实际上他会13国语言，会很多不实用的技术，比如滑翔，但是他唯独没有给赫本一个自由成长的少年和幸福的家。但是赫本充分地理解了父亲，虽然他们后来见过一面后几乎没有再见，但是赫本却一直赡养父亲直到他去世，而且从未与父亲恶言相向。在当时这也是媒体想挖开赫本的一个巨大的秘密。

赫本在功成名就之后，当她小时候的保姆来看她，她还雀跃着去迎接她，激动地拥抱她。

赫本和自己的化妆师、发型师、摄影师、经纪人都亲如一家地相处，可以说赫本为自己建立了一个爱的坚固的后援。经纪人艾文·拉纳曾经给赫本写过信，信中说：你只是展现出你的进取心、你的职业操守、你个人的魅力，在每一个电影节或每一次慈善中，仅仅只是依靠完美的个人魅力，你就赢得了所有的掌声。

这其中更别说和她合作的多位导演。著名的导演比利·维尔德曾经这样评价赫本：上帝亲吻了一个小女孩的脸颊，于是赫本诞生了。

今天，奥黛丽精神被世人敬仰，因为她不仅仅代表至美、也代表着至善至爱。

懂得拒绝的人生

她从小就受毕业于艺术学校的妈妈的影响，对舞蹈和表演都有深厚的兴趣。

十岁那年因外表出众被顶级化妆品牌露华浓经纪公司邀请担当模特，她思考之后拒绝了，因为她想当一名演员。

13 岁跑去试镜大导演吕克·贝松的电影《这个杀手不太冷》，因为年龄太小被工作人员直接拒绝。她偷偷找到导演，请求给她一次机会，最终导演因为“她身上有着少女的天真和成人的世故”，当场决定录用她。这个角色让她一炮而红，紧接着各种片约纷至。

16 岁，她拒绝出演《洛丽塔》《罗密欧与朱丽叶》两部大片的邀请，因为不想成为怪叔叔的性幻想对象。而默默耕耘舞台剧《安妮日记》，饰演安妮·法兰克。

18 岁，她因在《星球大战前传》中出色的表演，获得金球奖提名，用实力证明了自己的表演能力。星途坦荡，她却选择去哈佛大学学习深造。她说：“比起当电影明星，我更喜欢当聪明人。”

许多人以为她是因为名气才进入哈佛，实际上她是一个不折不扣的学霸。她高中毕业以全 A 成绩被哈佛和耶鲁同时录取，选择了心理学是为了更好地理解揣摩人物的心理。

在哈佛大学，她彻底丢开明星光环，潜心于学习，2003 年取得心理学学位。之后，她回到故乡耶路撒冷希伯利大学继续攻读研究生。她再次证明女演员也是有“智商”的，而非“白痴”。

2005 年，出演《V 字仇杀队》，为了角色，她不惜剃掉自己的头发。她不以美貌而以演技示人。2008 年，她获得 TC Candler 评选的全球最美脸蛋第一名。

为了出演的角色，她提前一年进行舞蹈训练，还特地大力瘦身，在电影里成功表演了两个角色——清纯懦弱的白天鹅和充满欲望的黑天鹅。电影《黑天鹅》让她成为奥斯卡历史上第一位 80 后的影后，这一年她才 29 岁。

她就是 1981 年出生的娜塔莉·波特曼。

《黑天鹅》电影对待艺术“向死而生”的极致追求得到了许多人的喜欢，就连我们国家最著名的舞蹈家杨丽萍的梳妆台上，都会常置一幅《黑天鹅》的海报肖像。

因为《黑天鹅》这部电影，她和电影的编舞师本杰明·米派德相识相爱，并在奥斯卡典礼上大方告白：“他给予了我最美妙的爱情，感谢他带给我生命中最重要的角色。”

在事业巅峰时期选择结婚生子——如今她已经是两个孩子的妈妈，爱情甜蜜，家庭幸福，事业更是全力以赴更上一层楼。她在哥伦比亚大学当客座讲师，探讨恐怖主义与反恐怖主义；她当导演，自编自导自演希伯文电影《爱与黑暗的故事》；她投身公益，到非洲做慈善；积极推动女性运动，鼓励女性自立自强；她在特朗普进行总统竞选时，因其对女性不尊重的言论，她参加了“反特朗普”游行并发表演讲，虽然她此时还正怀着二胎。

正如 2015 年，她受邀回到哈佛演讲时所说：

“在我的职业生涯中，我花了许多时间，寻找我自己做事的原因。我的第一部电影在 1994 年上映，又是一件很吓人的事，那年你们大部分人才出生。电影出来时我才 13 岁，至今我仍能一字不差地复述《纽约时报》对我的评价：波特曼小姐摆造型的功力比演戏强很多。这部电影得到的所有评价都是不温不火，而商业方面则是惨败，这部电影叫作《这个杀手不太冷》。而到今天，过了20年，拍完了35部电影之后，它仍是人们见到我时最常提到的片子。他们告诉我多爱这部片子，这片子多感人，说这是他们最爱的电影。我感到很幸运，我首次参演的电影，起初在所有的标准衡量上来看都是一场灾难。我很早就学到，我的价值应该来自于电影拍摄过程的体验，来自触碰人心的可能，而不是我们行业最首要的荣誉：商业和影评方面的成功。而且，最初的反响可能会错误预测了你的作品最终的价值。于是我开始只挑那些我热爱的事情来做，只选那些我知道能汲取到有意义经验的工作。这让我周围的所有人都彻底困惑，经纪人、制片人，还有观众都是如此。我拍了独立电影《戈雅之灵》，为此我学习艺术史，连续四个月我每天研读戈雅和西班牙裁判所。我拍了喜剧《王子殿下》，我连续笑了整整三个月。我可以决定我自己的价值，而不是让票房或名声来决定。

“所以当《黑天鹅》取得商业上的成功，而我也开始得到赞扬之时，我觉得荣耀和感恩的是，我触碰到了人心，我已经建立了自己价值的真正核心，我需要它不受别人反应的影响。大家告诉我《黑天鹅》是艺术上的冒险，演艺职业芭蕾舞者是恐怖的挑战，但我觉得促使我去演的并非是勇气或胆量，而是我对自身局限的毫无所知。我对所做之事压根没有准备。无经验让我在大学时缺乏自信，让我愿意遵循他人的规则。如今，它让我敢于接受挑战。

“那些我根本没意识到是挑战的挑战，会让你创造属于自己的路，即便你不知道你在创造新的路。如果你的理由是属于你自己的，你的路，即使是奇怪而坎坷的路，也将会是完全属于你自己的。而你能控制你所做之事带来的奖励，让你的内心世界更加充实。”

娜塔莉·波特曼正用自己的“无经验”去体验勇敢的心，选择属于自己的人生。

一颗慈悲的心，可抵御所有时间的风暴

一个女人在不同的年纪和不同的地方可以散发出不同的魅力。

青春的女子美在单纯执着，不怕吃苦不怕辛苦；美在多情与青春的忧郁。

林徽因陪着梁思成一次次地风餐露宿，用西方科学的测量记录绘图照相；把中国古代建筑看成不仅仅是中国文明的象征，更是世界文明的象征，值得辛苦值得付出。这就是美。

林徽因的诗歌大多数是她已经成为妈妈以后的创作。她的情况和很多文艺青年如此不同。好多人一结婚一生孩子，所有的浪漫都被日常事务所消磨掉，一点点儿地消磨掉，但是林徽因却没有。

林徽因最大的不同就是有一颗慈悲之心，就像她在山西遇见一尊尊佛像，她说恨不得自己也化作一尊石像，在一旁陪伴千年。

因为慈悲的心，她对同父异母的弟弟妹妹总是关心备至；因为一颗慈悲的心，孩子们总是非常喜欢她，接近她。

有人说：“最好的果实是一颗仁慈的心灵，它对坚硬来说是柔软，对无法克制来说是柔和，对冷酷的心灵来说是温暖，对厌世来说是乐趣。”

她总是轻易地赢得很多男性的点赞、亲近、吸引；也总是会被很多人尤其是女性的腹黑与质疑。

她总是付出的时候多，对别人。当徐志摩在清华大学礼堂做演讲，因为牛津英语夹杂着老家的口音，好多慕名者听不懂而纷纷离场的时候，徐志摩好不容易演讲完，发现台下还有她在认真听讲。当梁思成开始写《中国建筑史》的时候，在李庄那种病痛折磨的状态下，她帮着梁思成查资料、读《史记》。当女儿酷爱读小说，有高度近视的危险，她绘画一张，告诉女儿爱惜眼睛，幽默地写到：鼓励你读书的嬷嬷很不希望这个可敬的袋鼠成了将来的写照。喜欢读书的你必须记着同这漫画隔个相当的距离，否则……最低限度，我是不会有一个女婿的。在 1953 年 3 月 17 日给梁思成的信中，对女儿的婚事如何办理，她写道：“我什么都赞成。反正孩子高兴就好。”一个母亲的慈悲心如此充分地跃然纸上。

尤其是对自己的学生，她总是从物质到学业都给予毫无保留的帮助和支持。指导帮助年轻人在建筑上的创作与成长，在新中国建立之初设计的国徽、人民英雄纪念碑的底座，这些都是她和同事、学生的共同成绩。

无论是生活还是工作中，无论是对亲人还是朋友、同事、学生，她总是用一颗热忱的心、慈悲的心给人以温暖和鼓励。

与林徽因对应的女性，大家常常都会提到张幼仪。

张幼仪也是一个具有慈悲心的女性。

她的慈悲心在徐志摩和他离婚后，她不仅养育孩子还照顾徐志摩的双亲。她的慈悲在于不把自己活在悲伤埋怨的日子里，而把自己活出了自己本该有的样子——任何女性只要受过严格的教育，只要你从内心下定决心，就可以活出一片新的天地。她担任当时全中国第一家女子银行的行长，她开一家时尚的服装店，她和前任见面还能相见如故共话家常，这就是慈悲心。因为曾经的爱与付出，不愿意用仇恨和埋怨来记忆。

当儿子到了成家立业的时候，张幼仪问儿子喜欢什么样的媳妇，儿子说漂亮。她果真按儿子的标准挑选了一位漂亮的儿媳，唯一不同的是她让儿媳去读书接受教育。她的慈悲是不愿意别的女子像她一样在婚姻中因为没有文化、没有学识、没有优雅、没有内涵而出局。她的慈悲就是自己受到的痛苦不要别人再受。

对待前任的徐志摩，在她晚年，她做了一件连自己年轻的时候都不敢想象的事情——那就是出版了《徐志摩全集》。

这件事情，林徽因因为时代客观原因没有做成，陆小曼也没有做完整；但是在时间的流逝中，活的足够长寿的她做成了这件事情。她重新成全了前任的文学梦想，重新书写了前任的内涵和外延。

就像马尔克斯写到：任何年龄段的女人都有她在那个年龄阶段所呈现出来的无法复刻的美。她因年龄而减损的，又因性格而弥补回来，更因勤劳赢得了更多。

希望亲爱的你，也有这样的优点和魅力伴随一生。

杨绛 我和谁都不争，和谁争我都不屑

杨绛在《将进茶》里写道：“我在融洽而优裕的环境里生长，全不知世事。可是我很严肃认真地考虑自己‘该’学什么。所谓‘该’指得益于人，而我自己就不是白活一辈子。我知道这个‘该’是很夸张的，所以羞于解释。”

“父亲说，没有什么该不该，最喜欢什么，就学什么。我却不放心。只问自己的喜爱，对吗？我喜欢文学，就学文学？喜爱读小说，就学小说。父亲说，喜欢的就是性之所近，就是自己最相宜的。”

一个幸运的人，你会发现她会很多事情都是幸运的。

除了上苍的眷顾，就是因为幸运的人常常拥有一种智慧，很早就能清晰地判断自己的性情兴趣所在，并且坚持自己的性情兴趣不变，不在别的方面瞎折腾自己，空消耗自己的时间精力和感情。

杨绛从小就是一个邻家女孩。

她相貌好、年纪小、功课好、身体健康、家境好。

杨绛读书就用心读书，做手工女红就专心手工女红，照顾人就专心照顾人。

她学什么成什么。

她学外语，发音比钱钟书还要标准，因为钱钟书说外语有自己的口音。

杨绛先生 1942 年 31 岁开始戏剧创作，《称心如意》一开演就成为上海滩的名剧，紧接着又创作了《弄假成真》。上演的时候，杨绛还请了爸爸来看。老爷子在剧场看得笑出了眼泪。这两部剧到现在都还在上演，这就是杨绛创作剧本的魅力。

杨绛翻译作品，一开始就选择了一部在文学史上非常特别的小说《唐·吉诃德》。为了翻译这部巨著，杨绛专门学习了西班牙语，那时她已经 48 岁了。从 1956 年开始翻译到 1978 年出版，其间经历多少风波、多少磨难，也只有亲历者才能懂得。其中还包括手稿被收，杨绛机智地自愿打扫办公室卫生，就是为了找到这本当时翻译了四分之三的手稿。

杨绛先生还翻译了《小癞子》，同样也是流浪汉小说。

说来很是奇怪，杨绛先生在平常生活中都是一个绝对不逾矩的人，但是她选择的翻译文本都是那种小人物不甘心于命运摆布的小说。这些主角绝不安心于普通平淡的日常生活，总是幻想着做出一番与普通人不一样的成绩来，而且乐于成为流浪汉。

晚年的时候，当女儿钱媛、先生钱钟书离开她之后，为了让自己在痛苦中活下来，她选择翻译了古希腊最著名的哲学对话《柏拉图对话之一——斐多》。谈到为什么要翻译这本书，杨绛说道："柏拉图的这篇绝妙的好辞，我在译前已读过多遍。苏格拉底就义前的从容不惧，同门徒侃侃讨论生死问题的情景深深打动了我，他那灵魂不变的信念，对真、善、美、公正等道德观念的追求，给我以孤单单活下去的勇气，我感到女儿和钟书并没有走远……"

杨绛先生就是这样一个很朴素，但是绝对追求自己在翻译创作上的自主与完美的人。因为每一个翻译者在选择翻译作品上也充分体现了翻译者的内心认同和情怀。

杨绛先生在小说的创作中更显示出自己的个性来。她创作的《洗澡》虽然不是最火的小说，但是喜欢的读者也非常多，尤其是小说悬而未释的故事一直以来都是读者津津乐道的话题，究竟女主角能不能获得圆满的爱情。这可以说是杨绛迷们的共同心结。

她在 2014 年 8 月出版了《洗澡之后》，她说她不愿意任何人来写续集，而自己一定要在未走之前完成故事的结局。完全想不到的故事情节，完全出乎意料的曲曲折折，女主角和男主角永远在一起了！而且保持了他们道德的完美。

杨绛先生的散文创作从《干校六记》《将饮茶》开始，到 93 岁写《我们仨》、96 岁写《走到人生边上》。杨绛先生的散文真正做到了有感而发、真诚朴素但是又充满了智慧和情怀。读者在阅读中不仅仅受教、受益，还会深深被打动。这是杨绛先生文字的魅力也是杨绛先生做人做事的魅力。那就是杨绛先生一直用自己的方式坚持自己的完美！

杨绛先生不仅仅在创作中坚持完美，自己的感情也是坚持那种真实、那种初心。

就像杨绛先生曾经说道：“我最大的功劳，是保住了钱钟书的淘气和那一团痴气。这是钱钟书最可爱处。他淘气、天真，加上他过人的智慧，成了现在众人心目中，博学而又风趣的钱钟书。”

钱钟书先生曾经对杨绛先生说：“我不要儿子，我只要女儿——只要一个像你的。”

在经历了人生的巨大磨难后，他对她发愿说：“从此我们只有死别，没有生离。”

钱钟书先生说杨绛先生是最贤的妻子、最才的女，说她是集妻子、情人和朋友于一身的人。

杨绛先生某次读到某位英国传记作家所概括的最理想婚姻：“我见到她之前，从未想到要结婚；我娶她以后，从未后悔娶她；也未想到别的女人。”她把这段话念给钱钟书听，钱当即回说：“我和他一样。”杨绛先生答：“我也一样。”

杨绛先生在钱钟书先生面前是一个常常说“不要紧”的人。这句话说了一次又一次，直到他去世前，她还告诉他：放心，有我在。

钱钟书先生走后，杨绛先生整理了他全部的笔记，7 万多页手稿公之于众，她说：这样才能“死者如生，生者无愧”。

这样的爱情，可以说不仅仅感动我们世间的普通人，就连天地都能为之感动吧！杨绛先生留下来打扫完战场再走。

他们的爱女钱媛一生都为了教育工作辛苦，在钱媛病逝后，杨绛先生接着女儿未写完的一家人的故事，写出了《我们仨》。

在书中，杨绛先生写道：“我们这个家，很朴素；我们三个人很单纯。我们与世无求，与人无争，只求相聚在一起，相守在一起，各自做自己力所能及的事，都能变得甜润。我们稍有一点快乐，也会变得非常快乐……”

是的，如你在人生的某一个时刻，读到这样的文字，想到这个世界上有这样的仨人，你难道不觉得快乐吗？他们将永远被文字所传承下去，带给更多的人安慰。

如果人生是一场海选

如果人生是一场海选，你准备好没有？

把自己喜欢的事情、热爱的事情千方百计做到最好，这就是靳羽西迎接人生这一场海选的不二法门。

充分地准备，宛如自己 19 岁时代表大学参加“中国水仙花公主”比赛，那成就了她人生中许多第一次：第一次学会化妆、第一次走台、第一次拿话筒。最终，她获得了“水仙花公主”的皇冠。

“水仙花公主”比赛对于她来说一切都水到渠成——从小学习的各种技能都得以展示与验证：弹钢琴、舞蹈、音乐……

也从此开始，以后的人生都有了目标。

她怀里揣了150美元来到美国纽约皇后区，一个月后她就搬到曼哈顿区——因为在她看来最大的城市可以遇见最了不起的人、最有才华的人、最有特点的人。他们会激发一个年轻人的状态。

1978年，她开始做《看东方》电视节目。万事开头难，作为独立制片人，常常每天工作十五六个小时。《纽约时报》是这样评价这档节目的：“很少有人能够把东西方两种不同文化融为一体，而靳羽西小姐却凭着她的智慧和风度做到了。”这个节目每集60分钟，主要是介绍东方人的人文社会、风土人情、文化艺术，这个节目通过1200个电视频道播放了五年之久。著名评论家迈克·华莱士说：“给有线电视带来了从未有过的荣誉。”

靳羽西既是一个理想主义者，又是一个实干家。

1986年她受中央电视台邀请，制作了104集的《世界各地》，为中国观众打开了认识了解西方世界的窗口。并且她以自己独特的电视主持人风格，影响了一代中国电视节目人。

“让世界了解中国，让中国了解世界。”她的节目让许多人终身受益。

因为主持节目，长年走台，化妆变得无比重要。靳羽西常常说：“没有不漂亮的人，只有不懂得打扮得体的女人。”为了找到适合东方人皮肤的化妆品，靳羽西不惜投入重金在品牌的研发上，从国外聘请研发专家，培训出首批美容顾问，将两百多种不同颜色质地的材料，逐一与亚洲人特有的黄皮肤进行测试对比，推出了世界上第一张适合亚洲女性服装与肤色的“配色表”。她还亲自写了《羽西亚洲妇女美容指南》，让中国女性找到美，焕发出自信与光彩。羽西护肤化妆品在靳羽西的努力下，成了中国最好的化妆品。

靳羽西说：“每件事情都是我自己的选择，没有人要我一定这样做，我的出发点不是为了钱财，只是要做对我人生有意义的事情。”

上海国际电影节 20 周年时，由她邀请了多达 70 多位的国际明星、导演、制片人、音乐人、歌手、摄影师、设计师，占了当时到场的一半以上重量级的明星，而且这些明星都是免费来参加电影节。她因此为电影节节省了几千万元人民币的邀请费。

为了让明星们觉得不虚此行，靳羽西全力做到最好的自己，真诚、善良地与每一位来宾交往。比如凯瑟林·德纳夫，靳羽西就带她去自己熟悉的最好的旗袍店，一次性做了六件旗袍。她还在上海家中按西方文化习惯举办了聚会，让这些异国他乡的人相互认识，擦出合作的火花。昆西·琼斯在聚会上还接受了免费为上海世博会谱写主题曲的工作。

2011 年开始，靳羽西担任了环球小姐中国赛区主席。她做选美主席时，要求参赛者不仅要比赛身体、脸蛋，更重要的是比仪态、口才、视野、爱心。环球小姐中国区决赛慈善晚会募集到的钱全部投入到教育、医疗等公益事业上。

2013 年开始，她在纽约举办“China Fashion Night”（中国时尚之夜）节目，帮助郭培、陈漫这样年轻的设计师、摄影师走出中国，向纽约乃至世界展示中国美学和中国时尚。

靳羽西帮助更多有才华的年轻人被世界欣赏与发现，让他们更成功。靳羽西帮助他们更成功，也让自己更成功。

生活中的靳羽西善良、努力，充满了正能量。

生活中的靳羽西每天锻炼一个小时，从不以素颜示人，永远打扮得体明亮，举手投足间都展示了自己的淑女风范。

她做电视节目，1989 年《中国的墙与桥》获得美国电视界最高荣誉奖“艾米奖”；她做化妆品，羽西化妆品成为最受欢迎的品牌；她做“环球小姐”中国赛区主席，总是严格要求每届小姐，让她们配得上这样的美丽称号。她的确非常有智慧与风度，把热爱的事业，如电视、化妆品、时尚、文化事业交流、慈善事业进行无缝链接。

就像她最喜欢的牡丹，靳羽西从不介意展示自己的美丽，从不羞于示人。靳羽西正是用自己独一无二的美与能力迎接着人生的海选。

走出去，自己就是那颗最亮的钻石

白衬衫、牛仔裤、平底鞋、短发、素颜，她说话总是温柔低音，感觉如菊花，有一种自然而然、自我绽放的状态。既非刻意，又不绝对地松懈自然。在她身上似乎永远看不到苍老与世俗，她似乎永远都像停留在“白衣飘飘”的大学时代的文艺女生阶段。

她就是张艾嘉。

有人说爱她的才子都老了，她还是那么悠然淡雅。

有人说容颜败给岁月，她依旧是那个最美丽的女人。

她是一位歌手，最初她唱罗大佑的歌是为了带红罗大佑，因为彼时，她是当红歌手，罗大佑才出道。

她说自己学钢琴学不好，甚至任何乐器都不在行。但是会弹钢琴、会弹吉他的男孩对她总是很有吸引力。在她年轻的时候，因为自己喜欢音乐、乐器，而喜欢上对方。

她说，因为自己做不到，而他人做到时会仰慕和敬佩。

她不仅自己唱红了《童年》，也让罗大佑出师顺利，一炮而红。她还发现了李宗盛的音乐天赋，推荐李宗盛打开了流行音乐界的大门。罗大佑给她写《小妹》，李宗盛为她作《爱的代价》，可以说她的无私、热忱赢得了两位音乐家深深的认同和珍惜。

她又是一位演员，年轻时候饰演黄梅戏里林黛玉的角色，随着年龄增长她诠释的角色越来越丰富多彩。淡淡的她，长相绝不算惊艳的她，却出演过多部电影的女主角。有许鞍华执导的处女作《疯劫》，还有《茉莉花》《我的爷爷》《最佳拍档》《上海之夜》《阿郎的故事》《饮食男女》《莎莎嘉嘉站起来》《地久天长》《山河故人》。她演的主角不张扬，不显山露水，不夺人眼球，但总是有一种让人无法忘怀的印象。

她还亲自参与写作、编剧、导演。我们更多地知道她是一位导演，《最爱》《少女小渔》《心动》《20 30 40》《一个好爸爸》《观音山》《念念》《华丽上班族》《相亲相爱》……这些电影剧本都出自她的创作。她不被任何类型的片子所束缚，无论是所谓的商业片还是艺术片，出专集、唱歌、做公益事业，她喜欢就去做，按自己的方式尝试、实现。她是李心洁、刘若英的师傅，还让观众更多地发现了范冰冰、梁洛施文艺青年的另一面。她不仅对异性，对同性也都有成人之美的风范。

人们完全忘却了她的年龄，只看见岁月给了她的成长和成功。从 1972 年开始出演第一部电影到今天，她一直从事着与电影相关的工作，而且愈来愈深入地展示着自己对周遭、对社会、对人生与世界的思考。她决不回避现实的残酷与虚伪、无奈与痛惜……

在她身上，你会感觉她就像中国的君子花兰草，有刚劲的枝叶，虽然看似柔弱，只需少量的水和阳光就能蓬勃生长；她的花总是不经意间散发出自己的芬芳。最重要的是兰草可以不停地分支，而她也曾帮助很多人成长。她懂得分享与关怀；她做了近二十年的义工；她去过很多不同的国家，见到很多贫穷、疾病；她资助过数名贫穷的儿童，为他们和自己带去温暖和感动。

她看到了更广阔的世界，所以她更懂慈悲的意义，如同她在自己的《轻描淡写》中写道：“人生事件的发生都会在成长中播下种子，无论是天意还是后天人为，我们都要学习去面对它。如果天注定要去开解，只要不用负面情绪去处理，就和时间与它共同相处，一步一步走向那其实并不遥远的光亮。把过错放在既定的人或想法上，只会套牢自己的心。但到底是谁这么坏，套牢了你的心？仔细想想，原来就是自己的脑子。过去造就了今天的我们，明白、清楚了，至少我们可以用心去选择未来的日子，该怎么跟自己相处……”

从小就被妈妈带去珠宝店的她，常常在珠宝店睡着了。她说自己当然会觉得珠宝很漂亮，但更多的是自己认为自己就是一颗珠宝，走出去就是一颗最亮的钻石。她对自己有着充分自信以及清晰认知，认为心里的开心透出来的美是任何化妆品都无法替代的美。张艾嘉的的确确用自己走过的人生轨迹，鲜明地活出了自己的优雅与精彩。

亲爱的你，是否也准备做自己那颗最亮的钻石呢？

一起出发吧！

成为全世界渴望看到的花朵

每次看见杨丽萍的样子和她的舞蹈都是那么美丽、忘我。看到她，你会忘却四周的存在。她的时而沉静、时而激越、时而优雅、时而奔放的舞姿，她用她的舞蹈唤醒了我们的眼睛和心灵的悸动。在她的舞蹈里，我们看到日月轮换、时间流逝、人间至美至纯至情至爱。

从《孔雀公主》《雀之灵》《雀之恋》，到舞剧《孔雀》《孔雀之冬》，杨丽萍演示了孔雀之美，没有人再来模仿与挑战。她简单而又深刻地演示了越是具有民族化个性的艺术，越能具有普遍意义的美与生命。她诠释的孔雀之舞，不仅有孔雀之美，而且有万物之于大自然的美。

从单人舞到双人舞，再到领导一个艺术舞蹈团，用她的话“是大自然教给我”，一切对于她来说是那么自然而然、水到渠成。细腻与厚重、纯粹与丰富、刚健与婀娜、深情与果断……在她身上都如此美好地契合在一起。在她身上，你会轻易忘记了时间的流逝，岁月没有让她变老，而是让她变得更加真诚、简单与优雅；岁月让她更有自信去展示她看到的大自然的舞韵。

很多人羡慕杨丽萍的美与艺术成就，她曼妙的身姿与优越的生活氛围。但是她的自律和专注，你看到了吗？

杨丽萍几十年来从不吃晚饭，即或吃饭也是以蔬菜、水果、一两片牛肉为主。杨丽萍喜欢喝多种豆子做的豆浆，用糯米水洗头发。如果是一天两天，也许每个爱美的女性都能做到，但是坚持几十年，这样的自律精神你能做到？

杨丽萍每次亮相都是一次惊艳的舞蹈。但是你可知道，她每天都要锻炼。用她的话说，如果一天不练习，感觉背部都会僵硬。她一生都在专注于舞蹈，把自己的生命、时间、爱都和舞蹈融为一体。

别人都非常羡慕杨丽萍在洱海边修建的月亮宫、太阳宫，但实际杨丽萍长年在外演出，一年大概只有一个月的时间住在这里。这些年来，她编的舞蹈越来越具有内涵，也越来越受到大家的欢迎。《云南映像》《藏谜》《平潭映像》这些舞蹈都成了常规性演出节目。

杨丽萍还有一颗勇敢的心，坚持跳回“我自己的舞蹈”。早年间，因学院派对她的质疑，她离开北京回到云南，做自己的舞蹈，创建出一个艺术舞蹈团。因为对自己的认识如此清晰和自信，所以每一个决定她都如此勇敢和果断。

就像她说的，“自然中万事万物都太美好，欣赏、消化和吸收见地的能力，适合什么样的学习方法，也都是天赋决定的。其实我特别尊重一些与生俱来的天赋，很多人看不到自己那一部分就错过了。”杨丽萍用自己的自律和专业强化了自己的天赋，一切的美、一切的付出都重新如铁淬炼成钢。

一朵花的绽放不是为了给谁看。

但是一朵美丽的花朵让全世界都忍不住地渴望看到！

没有经过“修炼”的人生是不值得过的人生

世界上从来就没有过完美的团体和完美的个人。

不完美的世界和人是我们面对世界的最正常的状态。

我们每一个人存在的意义就是让自己和世界更完美。“世界会变得更好吗？”这个问题来自于：“每一个人会变得更好吗？”

她最小的女儿说，妈妈见学生的时间比见家人的时间多；学生们说，见三嫂的时间比见家人的时间多。以诚待人，给身边人真挚与温暖，几十年如一日。当她 90 岁离世的时候，许多人为她的离去而默哀祈祷。

她就是三嫂袁苏妹。她没有接受过任何正式的教育，几乎目不识丁，但却是首位获得平民院士的人。

她的人生说起来很简单，但是又不简单，那就是她的一生都在“修炼”自己，做最普通的事情：做饭和清洁。

从 1957 年开始，三嫂的丈夫取得香港大学食堂的经营权。她负责料理一日三餐。她总是用心做好每一道食物，毕业多年的学生还会记得三嫂做的大西米红豆沙里的大西米特别的大，红豆沙特别的美味，那是因为三嫂常常是站在灶台前两个多小时煮大西米，在红豆沙里面加上新鲜的椰子汁。为了让马豆糕有嚼劲，她总是用慢火煲一个多小时，还要用汤勺不停地搅拌。学生们复习熬夜的时候，她会耐心等他们，为他们做夜宵。

最初为了养家糊口而工作，慢慢地她把每一个学生都看成自己的孩子，真挚贴心、关怀备至。

当学生病了的时候，她还专门出去抓中药，回来后用半天时间煎药。

当时早中晚三顿饭收学生 4 元钱。买一瓶药油 1.6 元，一服中药 5 元，她从不问学生要钱。

她对学生的爱心无私，学生把她当作亲人。面对读书的压力、家庭问题、感情的烦恼，学生们都喜欢给她倾诉，而她总是耐心地听完，说一些朴素的人生道理“珍惜眼前人”“将不开心的事情忘掉”……这些学生后来有的成为政商高级人才，有的成为高级职业人才，很多人多年后依旧记得三嫂给予他们的温暖鼓励。

当她 60 多岁因为心脏问题，安了起搏器，不能在厨房工作，她又开始做清洁工。她总是默默无闻地尽心尽力做好清洁工作。当学生们搞联欢，她总是等学生们结束后打扫完才休息。

当别人问她怎样保持对学生的友情秘诀，她说：拎出心来对人。

不单细心照顾他们，亦栽培他们成为社会有用的人才。

敬业乐业，事事尽力。

从 29 岁到 73 岁，整整 44 年。做饭扫地打扫卫生，这些事情看上去那么普通；但是要做好，做到多少年都让人肃然起敬、念兹记兹，这的确需要不计较、不自私才能做到。退休后，她又回到学校为学生做甜品，她就像妈妈一样，陪伴着一代又一代的大学生成长。

她说学生要有什么过失，要顺着他们去想。

让他们自已明白自己什么是对的什么是错的。

她关心孩子们的饮食，更关心孩子们的精神世界。

所以才能赢得孩子们的尊重和爱戴。

今天很多人都不愿意做小事情，尤其是打扫卫生和做饭；很多人认为用钱能够买到的服务，自己最好不要浪费时间精力去做，要把所有的时间精力都用在最大化的价值上，所以很多成功的职业女性都把打扫卫生和做饭交给家政工作人员去做。所以有些事业成功的女性常常发现自己的孩子跟自己还没有同家里的阿姨亲近。做饭打扫卫生表面上是没有含金量的工作，但是这两项工作做起来却是另一种人生的“修炼”。

做好饭，第一必须了解吃饭人喜欢吃什么，第二必须买好食材，第三还要有技艺做好；中国菜尤其讲究色香味俱全，煎炒烧煮炖蒸各种技术的掌握领悟不亚于职场的训练。

打扫卫生也是这样，清洁好自己居住的环境，让每一间屋子都神清气爽。这除了打扫卫生以外，还需要家人的配合保持。

做好这两项工作的人，一定也是会把家人的关系处理妥帖的人。

因为这两项工作都需要多做、多思考，少说，聆听别人多一些。我们每一个人都会因此多一份“修炼”和温暖。

做好一份看似卑微的工作，就是你绽放生命的最初的方式。

人生永远没有太晚的开始

1960 年，摩西奶奶收到一封来自日本的春水上行的信，此时摩西奶奶已经是大名鼎鼎的画家，常常收到很多粉丝或画商的信，不是恭维她的画作就是向她索要作品。这封信却是谦虚地向她请教人生之路。

春水上行在信中写到：自己从小到大都酷爱文学，很想从事写作作为自己的理想，可是大学毕业后，迫于生活的压力和家人的期许，他找了一份在医院里的工作，但是一直都觉得心里很不甘心，做得别扭；不知不觉中自己已经 28 岁了，他纠结于究竟是勇敢地放弃这份已经稳定的工作，还是抽身出来做自己喜欢的写作。

摩西奶奶很快就回复了这封远方的来信。这是一张精美的明信片，她亲笔画下的谷仓和写下的：做你喜欢做的事，上帝会欣喜地为你打开成功的大门，哪怕你现在已经 80 岁了！此时摩西奶奶已经 100 岁了。

因为这张明信片的鼓励，诞生了一位名扬世界的大文豪渡边淳一。他在摩西奶奶的激励下，一边在医院工作，一边用心观察思考，写出了《光与影》《无影灯》《遥远的落日》《失落园》等 50 多部长篇小说及其他作品。

这位摩西奶奶确是一位非常了不起的奶奶。她从未受过专门的美术训练，因为晚年做刺绣，患上风湿关节炎而无法拿稳针，在家人的建议下拿起画笔。从此以后，她创造了无论是个人还是绘画史上的奇迹。她 76 岁开始拿画笔，78 岁开始用更多的时间作画，在画商普遍认为她太老不值得投入的前提下，她画到了 101 岁去世前。终生画了 1600 多幅画，成为美国乃至全世界家喻户晓的最励志的大画家摩西奶奶。

1860 年，摩西奶奶出生在美国纽约格林尼治村一个普通的农民家庭。她本名安娜 · 玛丽 · 罗伯森，她有五个兄弟。她的父亲和兄弟照看家里的农场和亚麻厂；而她和另外四个姐妹则在家里学习做家务活。从 12 岁到 27 岁的 15 年间，她都在自己家附近一位富有的人家里当女佣。直到 27 岁，她遇到了自己的未来的先生托马斯 · 萨蒙 · 摩西，并与之结婚。

结婚后他们本来打算去美国南部的北卡罗来纳州开创自己的新生活，却在路过弗吉尼亚州的斯汤顿停下了脚步，被劝说承租了当地的农场。他们很快就喜欢上了美丽的雪伦多亚河谷。他们辛勤地劳作，安娜·摩西生下10个孩子，其中存活了5个。她亲自喂过奶牛，自制出售黄油；她还自制薯片，为了多赚点钱，摩西奶奶不辞辛苦。终于攒了足够的钱，买下属于自己的农场。

原以为会在雪伦多亚河谷的自己的农场里过一生，但是托马斯非常想念自己的老家。于是，在1905年，他劝说自己的妻子和他一起回到纽约，在她出生地不远的鹰桥买下了一个农场。他们给农场取名——尼波山——源于《圣经》预言中摩西消失的那座山。也许一切都是冥冥之中有天意，摩西在1927年死于心脏病。

1927年，安娜·摩西奶奶已经67岁了，她依旧是一个闲不住的勤劳的奶奶。

就像她后来说的，如果没有绘画，也许她会在农场养鸡，或者在城里租一个房子，做烤饼当晚餐。

1932年，摩西奶奶去离自己家30英里远的女儿家照顾患了结核病的女儿安娜。就在这一段时间，安娜给母亲摩西奶奶看了一幅刺绣画，希望她也绣出一模一样的作品来。这一年摩西奶奶已经 72 岁了。

后来，摩西奶奶因为关节炎很难拿稳针，她给妹妹抱怨，她的妹妹克里斯蒂娅建议她用绘画来代替刺绣。就这样摩西奶奶开始了她的绘画事业。

最开始的时候，摩西奶奶拿着她的画和她制作的水果罐头、果酱去了剑桥乡间展览会，她的水果罐头和果酱都得了奖，但是画作没有得奖。摩西奶奶非常喜欢画画，尤其是在忙忙碌碌中找到一个安宁的时间来画画，那是她一天中最开心的时候。

接下来的几年时间里，摩西奶奶的画被邀请参加在邻近药房老板娘卡洛琳组织的妇女交易商品的活动，摆在药房的窗户旁边。与许多家庭主妇制作的工艺品摆在一起，几乎可以说无人问津且布满了灰尘。

为什么摩西奶奶的画刚开始在当地并没有引起注意呢？我猜想是因为摩西奶奶的画来自于她所见到的乡村生活。她画出的就是自己看到的休耕的玉米田和番茄田延伸到的胡希克河畔，河边的无花果，及附近小山上的茂密的桦树和枫树，山间点缀着一片片积了雪的牧草地。画中主要角色是奶牛、小狗以及出来玩耍的孩子以及勤劳工作的大人。摩西奶奶的画充满了满满的乡土气息，清新活力，但是对于生在其中的人也许已经“见惯不惊”了。

1938 年的复活节，来自纽约的收藏家路易斯 · 卡尔惊喜地遇见了那些放在药房窗户上布满灰尘的摩西奶奶的画；并且把这些画全部买了下来，而且要求立即见到摩西奶奶本人。

这个世界上就是如此神奇，一定有爱创作的人，也一定有发现创作人的人。两者都需要极高的自信与判断力。卡尔本身的职业是一名纽约市水务部的工程师，他却热心于各种民间工艺品的发现与收集。当卡尔见到摩西奶奶本人并且告诉她，他能够让她出名的时候，摩西家里的人都认为卡尔实在是天方夜谭。但是，这不是天方夜谭，接下来的时间将证明卡尔具有发现的天赋，并且摩西奶奶也有成为一名画家的天赋。

卡尔推广摩西奶奶的画一开始并不顺利，因为当画商听说摩西奶奶已经 78 岁高龄的时候，当初看到画带来的惊喜感就会消失了。因为他们觉得为一个 78 岁的未成名画家花费精力费用举办各种各样的推广展览太没有预期和保证了。但是卡尔依旧相信自己的判断，他坚持不懈地推荐摩西奶奶的画去参加能够参加到的展览。功夫不负有心人，1940 年 10 月，在奥拓 · 卡里尔的圣艾蒂安画廊中首次展出了摩西奶奶的画，画展取名“一个农妇的画”。卡尔对那些自学成才的艺术家的作品有一种天然的兴趣，因为他受到倡导现代主义的先驱们的影响，认为自学成才的艺术家的作品更加纯净、更加原始、充满了生活的气息和生命力。几个月的时间里，有一位记者想出了用摩西奶奶来称呼这一位“农妇”。

展览结束后，吉姆贝尔百货组织了“感恩节庆典”，摩西奶奶的画被重新组装，摩西奶奶也应邀来到纽约发表了演讲。纽约的记者对这位戴着黑色小礼帽、穿着花边洋装的大器晚成自学成才的乡村奶奶特别感兴趣。于是新的传奇诞生了，摩西奶奶成了超级明星。

卡尔和摩西奶奶的长期买家美国英国艺术中心的主管斯托里在随后的 20 年里为摩西奶奶做了一系列的画展，把她的作品带到了美国的各地和欧洲的 10 个国家。卡尔编辑了关于摩西奶奶第一本专著《摩西奶奶：美国的原始主义者》。同时大力推行摩西奶奶的圣诞卡业务。除了巡回展、书籍、圣诞卡，还制作海报、壁画、瓷盘、窗帘布和其他特许的与摩西奶奶相关的产品。把摩西奶奶的画推到了一个妇孺皆知的程度。

此时正是二战时期，人们从摩西奶奶的传奇故事得到了鼓舞，“任何时候都不晚”，摩西奶奶成了永远的摩西奶奶。她不仅仅是一位画家，更向我们普通人证明了，你足够优秀就会被看见的真理。摩西奶奶只是把绘画当作自己每天生活中的一部分。

摩西奶奶的画“从看似没有价值的生活中提取出绘画素材”。她总是能够敏锐地捕捉到季节、天气和时间带来的细微变化。她把那些乡村的景致变成了一种永恒的美丽。她的作品清新而富有魅力，充满天真的孩子气和满满的快乐。

就像摩西奶奶自己说的：假如我不会绘画，兴许我会养鸡。绘画并不重要，重要的是充实的生活。不是我选择了绘画，而是绘画选择了我……

当你不计功利地全身心做一件事情时，投入时的愉悦、成就感就是最大的收获与褒奖。正如写作就是写作的目的，绘画就是绘画的赞赏……

任何人都可以作画，任何年龄的人都可以作画。不喜欢绘画的人，可以选择写作、唱歌或者是跳舞来表达对世界的认知以及对自我的期许。

投身于自己真正喜爱的事情时的专注感和成就感足以润色柴米油盐酱醋茶这些日常烦琐生活带来的厌倦枯燥，足以洗去日常生活的沉重和疲劳，足以让你在一个独立的小天地中不会感到孤独和迷茫，你的生命也因此在不知不觉中变得更加强大。

今天我们总觉得时间有限，恨不得出名要早，挣钱要快，我们总是希望用直线快捷的方式尽快地搞定所有的一切；我们忘记了我们究竟还有什么样的兴趣爱好，我们忘记了自己的初心；其实人生就像摩西奶奶画下的远处的山，近处的树林，还有那一条条蜿蜒的小路。我们就是要爬过一座座山丘，人生就是要转很多次的弯路，才能领略不同的感受与风景。没有一件事情是不变的，人生就是在路上不停地走。画着画，唱着歌，走过是一生；默默无语，走过也是一生。摩西奶奶用她的画笔和她的画告诉我们，只要我们愿意，人生是可以创造无限的可能。

如果没有对生活的热爱，如果没有对自己生活的熟悉、了解、观察，就不会有摩西奶奶的画。

对于摩西奶奶来说，她笔下的每条路、每一棵树、每头奶牛、每一个孩子的游戏与玩乐，都是那么如临其境，生动逼真；因为这些都是她实实在在的一部分。这些东西曾经感动过她，丰富过她的心灵。当她画下来的时候，只是将这些事物本身的力量分享给每一位读者。

当摩西奶奶 101 岁去世的时候，她留下的除了 11 个孙辈，31 个曾孙辈，还有许许多多喜欢她却从不相识的你我。生活对于她一定如你我一样充满了艰辛和磨砺，但是摩西奶奶在百岁生日时说：“我 100 岁了，但是我感觉我是一个新娘，我最想做的就是回到开始，再重新来过。”

只要做自己愿意做的事情，就是自己最美好的时光。

对于每一个为理想生活奋斗的你我来说，生命的每一天都是值得认真去对待的。生命的每一个画面都值得我们停下脚步，去欣赏、去赞美。

简单生活的本质和原则

简单的生活说起来很容易，做起来却不容易。因为人很多时候不是为自己而活，而是为别人或者说是为了某种理论在活着。

不同的人，不同的职业会对简单有着自己的理解。

美国《独立宣言》的主要起草人，美国历史上第三位总统托马斯·杰斐逊为自己的孙子给出了一个有关于简单生活的忠告：

1. 今天能做的事情绝不要拖到明天。

2. 自己能做的事情绝不要麻烦别人。

3. 不要花还没有到手的钱。

4. 不要贪图便宜购买你不需要的东西。

5. 不要贪食，吃得过少不会使人懊恼。

6. 不要骄傲，那比饥饿和寒冷更有害。

7. 不要勉强做事，只有心甘情愿才能把事情做好。

8. 对于不可能发生的事情，不要庸人自扰。

9. 凡是要讲究方式方法。

10. 当你气恼时，先数到 10 再说话；如果还气恼，那就数到 100。

今天的事情不要推到明天去做：你是否经常会这样安慰自己，总是希望等到某一天再去做某一件事情，比如等挣到钱、等买了房子、等买了车子等等；你舍不得去旅行还自我安慰旅游地人多；你舍不得买品质好的东西，你还自以为自己很节俭；你总是对自己说忙过这一段时间就抽空去看看父母，但是忙过这一段又有了下一段事情需要忙……

更有很多棘手的事情，你一次次在内心深处去逃避，因为你骨子里从来害怕去面对，表面上你表现得很镇静。这些事情越积越多，情绪从最初的害怕紧张变成了表面的无所谓；最后真的变成真正的无所谓的时候，这些棘手的事情已经深深带给你不可避免的实实在在的物质与精神损失；而这些事情一开始是可以用很小的时间精力就可以处理好的，但是因为自己的无法面对，把事情搞得越来越糟糕，直到自己陷入一团糟为止。

你是否常常觉得自己的屋子应该来一次大扫除，凌乱的房间，堆砌的东西，完全让你无从下手；你很想买一盆花，但是总是觉得需要把房间整理好再买；不知不觉中，春天过去了。

这样的事情很多：想给家人朋友送礼物，如果想到今天就快递走。你就会发现快递公司现在真的是一个非常赚钱的行业，因为需要快递的东西远超你的想象。你看到了春节期间居然有人快递馒头去另外一个城市，夏天有人快递饮料的。所以表达感情永远要想到就去做。

同样工作也是一样，给自己一个时间表，今天能够完成就今天完成，今天完成不了明天继续完成；那些棘手的事情，无论多么困难，只要你心存真诚善意都会找到解决的办法。无非就是吃亏上当这一次；但是走过以后就会知道，你处理掉你只会损失一次，你听之任之你会损失第二次。世界上没有任何一件事靠拖下去不问不顾而解决掉的。

如果你觉得屋子难收拾，最好的方法就是每一件东西都放回原位，每天都及时处理掉垃圾，每一次看到凌乱的地方都停下来整理几分钟，你会发现你生活的地方越来越神清气爽。你买回家的花盆里的花，一定要给它独立的空间。它会越长越好，用点心和它培养感情，有耐心等待一朵花开的时间。

自己能做的事情绝不要麻烦别人：很多人是中了金钱的毒，而且毒得不轻。例如有一个理论就是自己要去做别人做不了的事情，自己的人生才有价值。付钱给别人做家务活，带孩子、陪孩子等等，因为觉得这些活都可以用钱来解决掉。有很多人还很羡慕别人拥有这样的生活。

如果一个爸爸妈妈不带孩子，就不知道自己父母的艰辛；如果你不陪孩子成长，你就不会了解孩子的个性；你不做家务活，你甚至感觉不到自己在家存在的意义。

不要花还没有到手的钱：曾经见过一个按揭六套房子的人，天天都在工作。其实她的收入不足以按揭六套房子。但是她的朋友圈的朋友们都这么做，她也这样做了；她的腰肌劳损非常严重，但是一想到自己有了六套房子，她就觉得特别值得。

也见到过这样的人，从来没有让自己的钱在银行账户上过夜的，钱还没有到账就已经计划全部花出去了，这样算下来到账的钱还远远不够计划，从来不肯把自己休息的时间给爱人多一点儿，从来不愿意为自己安排一个假期。天天都在忙着赚钱，天天都在折腾还没有到手的钱，不知不觉时间都飞走了，还觉得自己过得有滋有味的。

也见过这样的人，买什么东西都不亏待自己，一天到晚好像都在过有仪式感的生活。家里有吃有喝，水果饮料爱买多少就买多少，吃不完坏了就扔掉。老话说：小生意怕吃，大生意怕赔。既不做小生意也不做大生意，但是会找人要钱。要钱的人无非就是他的兄弟姐妹，但是就能想到理由去要。被要的人觉得自己很伟大很有爱心，要的人觉得自己很会混，也特别有面子。

更别说现在很多人贷款做整容，贷款包装自己，骗别人之前先骗自己。都在花还没有到手的钱，所以才会有如此多的人间乱象。

爱自己，量体裁衣，做自己能够做的事情，花自己挣到的钱，不给自己压力，为身心健康美丽的自己而活。

不要贪图便宜购买你不需要的东西：除了卫生纸可以多买，别的东西尽量都不要买吧。如果卫生纸买多了，还没有地方放呢！一个整洁的房间放着很多卫生纸，而且每一天都看着这些卫生纸也是很触目惊心的。

对女性来说最容易被买回来的就是衣服，有朋友说在某某处买了一件裙子，裙子还没有快递到，就说估计也穿着不好看，反正就是便宜嘛！这好像是口头禅，反正便宜嘛！因为便宜被买回家的衣服也许一次都没有穿过，但是每一次清理房间衣柜还得清理，说难听一点儿还得浪费衣柜、衣架和空间。贪图便宜买回来的东西，一定在某一点是你不喜欢的样子，也许是布料也许是颜色也许是款式，总之贪图便宜买回来的东西利用率非常低，最后还得扔掉或者送给别人。如果你送给一个很介意的人，他或许还会恨你一辈子呢！因为在他心里你看不起他了，他会认为你送他你已经用过的东西。

凡此种种都在提示，从今天开始不要再贪图便宜买东西，不过可以发挥你的聪明才智和眼光去淘东西，这个是需要有长期的生活体验，希望你一路惊喜多于懊悔。

不要贪食，吃得过少不会使人懊恼：这个世界有的人在减肥有的人被饥饿折磨；对比于我们现在的情况，恐怕减肥的人很多。

吃得多的情况有很多种，有的人是怕吃少了自己的营养不够；有的人是心情压抑所以吃得多，靠吃东西来减压；有的人尤其是中年人容易吃胖，因为这个阶段上有老下有小，工作有压力，还没有时间或者说精力来锻炼，好不容易有一个空闲，还要刷手机上上网。

只要贪食开始，就会越吃越多，因为此时此刻人体里面的脂肪细胞以次方的方式在增长，这就是为什么胖子减肥困难的最根本的原因。可以说你吃1000块钱长上去的肉花1000块钱也是减不掉的，这就是贪食的懊恼。

所以吃得再少一点儿，多迈开腿动起来，是每一个人的必修课程。

不要骄傲，那比饥饿和寒冷更可怕：饥饿和寒冷让你对自己的胃和身体都有清醒的觉知。打开任何一本历史书籍都告诉我们那些数以万计的成功的人都是挨过饿受过冷的人，因为他们深深地感受到身体的孱弱无能。他们深深地觉知灵魂活着是多么不容易的人生哲理，所以他们才能沉着应战这个世界的丑陋。世界有多么美好它也就有多么丑陋。当你不得不面对它的时候，挨饿受冻都是微不足道的事情了。

骄傲之于个人让人放轻松，同时也失去了警醒，一个觉知的人无时无刻都会提示自己清醒小心应对。骄傲让人完全忘记了清醒，对外来说你显露出来的哪怕一丝一毫的骄傲都会引起身边人的不舒服，说不清是嫉妒还是恨，也说不出是羡慕或是猜忌，总之骄傲是要付出比骄傲还惨烈的代价。年轻人不怕，有的是青春，不知道不再年轻的你怕不怕呢？

不要勉强做事，只有心甘情愿才能把事情做好：很多家长逼着孩子学习很多他们不喜欢的事情，很多爱人逼着对方做很多不愿意的事情，有的儿女也在逼着父母做不情愿的事情，这所有的出发点都是我们认为自己很爱对方。正因为这个很爱所以才不在乎对方的真正内心的需要和感受。

又有很多时候，我们自己为了责任感做了很多自己不愿意做的事情；我们忘记了自己的梦想，我们忘记了自己的兴趣，我们长此以往虽然做了很多事情，甚至有的事情在外人看来还很成功，但是你一直过得不开心，甚至你过得非常忧郁。

跟随自己的心，勇敢做自己，去做自己真正感兴趣的事情，假以时日，你一定既成功又快乐。这件事情表面上看上去很难，当你走出第一步就不难了。因为要把做自己当作一种存在的日常状态来看待。

对于不可能发生的事情，不要庸人自扰：我们一定要用最快的速度辨别什么事情是自己感兴趣的或是自己所擅长的，自己感兴趣不一定自己能够胜任，一定要很快去觉知自己根本无法胜任的东西；这样我们才能做到：对于不可能发生的事情，不要庸人自扰。大多数人都是聪明人，但是最后都成了庸人，就是我们不自知。我们根本不知道自己的界限在哪里，我们不是万能钥匙。

凡事要讲究方式方法：我们一辈子都在说话，但是我们却常常不会说话，我们不经意间就伤害了我们的父母、我们的孩子、我们的爱人甚至是我们的最真诚待我们的朋友，所以才会有那么多教授口才培训课程的口才书问世。

我们也许一辈子都在做菜，虽然我们做的菜很难吃，但是我们自己浑然不觉。

因为这些都是身边的小事情，我们不会警觉。

很多思维、性格、习惯日积月累都会带到工作中去，所以就会有家庭关系处理不好的人，在工作中常常感到不顺心不顺利。

生为人，只要去学习、只要肯抱持谦卑的心去学习，这个世界上就没有学不会的东西。

当你气恼时，先数到10再说话；如果还气恼，那就数到100: 很多人情绪不好的时候，疯狂地吃食物，尤其是垃圾食物，因为垃圾食物口味重，吃起来感觉自己最有饱腹感；很多人情绪不好的时候，疯狂地购物，好像花钱的瞬间也能够平息自己的愤怒，所以有人说：平凡女人才会哭，漂亮女人去购物；还有人情绪不好，就给自己身边的工作人员或者家人发脾气，用难听的话伤害他们，自己浑然不觉等等。

古代时有个寡居的妇人，生气的时候把黄豆撒一地，然后再慢慢捡起来，捡起来一颗心里的愤怒也许就会平息一点儿，因为捡起来这个动作需要全身心地投入，比起数数字来要投入更多。每个人都会找到控制自己情绪的方法，唯一的区别就是这件事情会不会引起另外一次情绪的爆发。

余生很长，要用尽全力我们才会得到配得上我们灵魂的生活；所以我们还是时刻用最简单的方式来对付这个凶险的世界吧，用你的纯真、简单、睿智来赢得这个世界的美好吧！

积极的心态和语言创造美好的人生

还记得童年看过的童话故事，讲的是北风和南风的故事。在故事里，北风代表冬天凛冽的风，南风代表春天温暖的风。北风和南风打赌，看谁把人的外套脱下来，北风心里想自己使劲地刮，使劲刮掉人身上的外套，但是它越厉害，碰见它的人把外套捂得更紧了。此时，南风开始上场，南风轻轻地刮着，太阳温暖地照耀着，不知不觉人感觉有点出汗发热了，不知不觉见到南风的人都脱下了自己曾经捂得很紧的外套。

这个故事告诉我们：如果你对人越严厉，对方会回报以防备；如果你对人越温柔，对方会打开防范的心扉。

在日常生活和工作中也是如此，无论是自身的心态还是对外的沟通交流，如果抱有积极的心态和语言，是很容易把事情做好的。

我们不能改变世界，就拼命改变自己吧！这也是最积极的心态。

记得每一个年少轻狂的我们，心怀梦想，从来不知道天高地厚，初生牛犊不怕虎。

当我们进入社会的时候，常常发现自己人微言轻，既没有说话的勇气，也没有说话的资格。

在这个时候，我们做得最多的事情，就是要改变自己，无论是心态还是具体事情，都要一步一个脚印地进行。

如果抱有这样的心态，我们什么事情都会用平和的心态来面对，什么事情都会以配合的心态配合。不知不觉中，你会发现自己无论是工作能力还是与人沟通交流能力，都会有一个实实在在的提高。

从被领导带，也许不知不觉你也开始带人，成为别人的领导。这就是所谓改变了自己同时也改变了自己周围的世界。

人从心态上做到了改变了自己的第一步，那么一直抱有这样的一种态度，什么事情都是很容易解决和沟通的。

日常生活中，“我”是说得最多的一个字。因为人们的关注最多的就是自己。越关注自己，人对外界就会关注越少；反之亦然。

在日常生活和工作中，我们做事情的时候多考虑一下对方的想法和思考，多考虑一下对方的要求和利益，少一点“我”的执念就会把事情推进得更好。

平时遇到问题，多想办法、多分享、少抱怨，就会把难办的事情化解成一件好办的事情。

用指导代替指责：你真笨换成你一定行。

人人都喜欢有像老鼠一样聪明伶俐的队友，谁都不希望有猪一样的队友。

在职场中，谁都有可能充当过猪一样的队友，因为自己毫无经验，因为自己的笨拙，因为有时候你或许碰上了一个天才般聪明的领导。他认为你遇到的难题都不是难题，压根就不知道这个是你的难题。

所以，当我曾经被人骂过笨蛋以后，我就对我自己说，以后遇到不会的人，我一定教会他们而不是骂会他们；有时候骂更能让对方紧张和不满。

如果可以，请把你真笨换成你一定行！

如果一位父母把脱口而出的你真笨换成你一定行，孩子一定会在你鼓励下一步一步做得更好！

如果一位主管把脱口而出的你真笨换成你一定行，下属一定会把事情处理得更好。最关键的是：你要指导他们怎么才能做得好的流程，指出怎么样才能做得更好！

如果你没有把对方教会的本领，你就没有资格骂对方笨。

成长就是教学相长的过程，无论是谁，都会受益于某一个贵人、某一个师长、某一个朋友、某一本图书甚至某一句话。

每一个人都可以从笨变得聪明，从不行到行。

在日常工作和生活中，经常说：请，谢谢，感恩……

这些语言代表了你的心态，说明你懂得每一个人的重要性，别人时间的宝贵。所以经常说“请”，这样办事情一开始就让对方心里很乐意、很愿意与你配合；因为一个人只有乐意去做一件事情才是做好一件事情的前奏。同样多说一句“谢谢”，也是情理之中，现在人活动范围较之于从前的人广泛了很多，很多人经常奔跑在不同的城市之间；许多在一起做事情的人，长年累月都没有见过面，多说积极美好的语言，更能温暖彼此的心，从而更能有效地推进每一件事情，直到做成、做好这件事情。

我们多抱着积极的心态，多说积极的语言，我们整个人就会变得越来越容易与人交流沟通，越容易拥有好的人缘和人际关系。这样我们的人生就会处处都能够遇到懂你的人；理解你、支持你和帮助你的人。你做事情会越来越顺利、越来越好 。

人生处处都有美好，就从你的美好的心态和语言开始吧。

自己就是自己的生活

有一个女孩从一所普通大学毕业，因为努力，更因为非常美丽，在一所国家建筑设计院里当院办的秘书。这个工作令很多女孩子羡慕，因为这个工作岗位的数位前任都分别嫁了这所院里的青年才俊，他们都是大学建筑设计方面最顶尖最优秀的人才，身价都很高，夫贵妻荣，差不多结婚有孩子后都能过上优渥的相夫教子生活。即使再出来工作，也不是为钱工作，而是为成就感而工作了。所以这个职位近水楼台先得月，只是看你愿不愿意做这个而已。

小女孩对前任的出路不感兴趣，一边工作一边考研究生，终于在几年后考上了中国的最好大学中最好的法律专业。

另外一位女孩毕业于最好大学的最好法律专业，毕业就进了公务员系统里，家人真是放心了。但是女孩第二年就辞职去了上海，在一家律师事务所上班。经过了七八年的努力已经成了合伙人。她不仅仅在上海买了房子，还在德国买了房子。女孩觉得自己非常有成就感。

第三个出现的女孩子也是在上海，大学毕业因为谈恋爱来到了上海，因为男朋友在上海工作，还在上海买了房子，就因为男朋友这个房子，感觉对方很有诚意；也是因为这个房子，男朋友家人有了一份骄傲的心，女孩子实在受不了，离开了房子，离开了自己大学里就相爱的男朋友。虽然很伤心，但是她却考上了复旦大学的研究生，还是自己喜欢的专业。

今天的女性的的确确和从前的女性不一样了。不是鱼就不知道鱼的生活，也就不知道鱼究竟怎样才能快乐。一个人，只有踏实地沉下心来追寻自己想要的生活才能获得属于自己的真正的快乐。

同学聚会原来以为是同学之间的友谊，但是同学聚会很快就会生出许多比较来。

有一位迟暮美女，仍然喜欢比较着每一间寝室里的美女来，这位姐姐的气质好，那位妹妹的腰身细，这位姑娘单纯美丽的眼神，那位姑娘羞涩的眉心……

这样的比较已经背离了同学之间浓浓的感情，更让人觉得修养与内涵全无。固然是美女又有什么价值和优势呢？因为每一个人是不能去比较的，每一个人都是有自己美的地方。

那些喜欢比较的人，一方面喜欢比较，一方面还没有吃够生活的苦与累。

其实每个人都有自己的现实环境、具体状态，无法比较也无从比较。所以最重要的是：遵从自己的内心，做好自己；每个人都会品尝到自己人生的百种滋味，不管你愿意不愿意。

别再为小事情浪费生命

莎士比亚说：青春是不耐久藏的东西。

问问自己，希望十年以后的自己会怎么样？

我们不能清晰地判断我们一年之内的重大改变，但是我们从今天开始努力，就能清晰自信十年后的我们会是怎么样的一个人。

不要用两种标准要求自己，不要模棱两可地做事情，一定要根据自身的条件选择最适合的领域开始做；不要想得太多做得太少，甚至一直想做却一直不去做。

不要被自己的偏见误导，每一个人都会有偏见，做事情前一定要最大限度了解情况。每一种工作最终都能换成钱，你可以不在乎钱的多少与到来的快慢，但是必须能够让自己生存下来，尽可能不给家人朋友添麻烦。

与懂自己的人交往，走在懂自己的人中。人性中就是这样微妙，我们本能会去讨好那些轻视我们的人，只是骨子里不服输的自尊心表现而已。不去讨好任何人，走在懂自己的人中。欣赏你信任你的人看好你的人，你的努力你的才华，他们会欣赏与鼓励你；你困难的时候，他们会伸出帮助的手；当你一次次麻烦他们的时候，他们不嫌其烦；你取得成绩的时候，他们鼓掌开心，他们不嫉妒你。你越感恩，你越努力，就会遇到更好的支持与帮助；不要去问为什么有的人不喜欢你，因为你应该没有时间关心这个问题。

世界上除了极少数人是天生丽质，多数人都是要通过少吃、多运动、多看书来让自己看上去美丽而优雅的。想要身材好，就要多做运动，不是一天两天，而是一年三百六十五天天天如此；想要气质好，要多学习，让自己多听美的音乐、看美的画，没有一种优雅是能够装出来的；不要天天看着电视剧，吃着垃圾食品，还幻想身材好。那是做梦，还是白日梦。

先斟满自己的杯子，不要让别人的问题成为你的负担。要学会明确的拒绝，不是每一件事情都像公交车上让一个位子那样简单。有的好事情可以天天做，比如捡一下地上的垃圾扔到垃圾桶。但是有的人三十岁还没有学会吃苦，学会自己养活自己。如果你去帮助这样的人，第一是不爱自己，第二也是害了对方。因为每一个都要学会成长自立。我们常常错误地以为自己很有能量，实际上我们要用尽全部力量才能获得像一个平凡人的美好；在这之前先斟满自己的杯子再说吧。

世界上不是每一个都会被你的善良打动和改变，不要去试探自己的“伟大”；因为人的本性是非常强大的，他自己都无法轻易改变，就不要说别人能够改变了；也许为了眼前的利益做一些表面的改变，但是利益消失后一切都会露出本来的样子。

当一件事情、一个项目，如果你觉得吃亏了，没有得到成果，相信这个项目的每一位参与者都会有吃亏的感觉；这个时候，最好的方式就是不要做一个事后诸葛亮；用最快的速度，抽身离开，去做自己擅长的事情。要学会用沉默代替抱怨。如果项目失败是第一次错误，抱怨将会成为第二次错误。不要去用语言来给自己解释，最大的解释就是用时间来证明自己。

一个人工作出色，并不表示财商高；一个人人情味重，并不表示他能够负责任。意气用事的人千万不要管理财务工作，无论是单位公司还是在家庭里。因为他对财务管理一定会一团糟，不仅给自己带来麻烦也给身边人带来麻烦。

无论在任何地方，尤其是办公的地方，不要参与任何流言蜚语，把这些说小道消息的精力都用在工作上，不仅给领导解忧，而且也锻炼了自己、磨炼了自己。人只有做事情，才能赢得真正的奋进中的友谊。人只有做事情，才能不知不觉地提高了自己的能力，开阔了自己的眼界和心胸，享受到成功的成就感和实实在在的喜悦。

千万不要为昨天的失败怨天尤人，用最快的速度尘封失败；因为那样会让你迅速变成你曾经深刻讨厌的人；这个世界上，有的人的确不用刻苦努力就能名利双收；但是这种付出，是你极为不屑的。那你就要努力活出自己该活出的样子。

每一个人都有自己的时间，用当下的时间去学习，日积月累就会无形之中有了很大的飞跃；用当下的时间去健身，不知不觉你变得更健康；用当下这一瞬间给自己一个承诺，你要过更好的生活，住更好的房子，给家人更好的回报，给朋友更有品位的礼物，给自己更自由的时间，这些都是实实在在的承诺。还有那些无形的承诺：你要好好地活出该有的样子；不要被你讨厌的人打垮了，不要活成你讨厌的人的模样。

余生很长，静下心来，开足马力，往自己渴望的状态奋斗吧！

童年的花园

每一年，最先开放的一定是靠西边爬满铁丝网上的蔷薇花，见到这株蔷薇花的时候它已经爬满了差不多西边一半多的铁丝架，也就是说见到它的时候它早就经历了自己的童年生涯。蔷薇花总是一簇一簇的，几乎没有单个的花朵。蔷薇花总是挤在一起，似乎从来都不孤单。粉色的花朵，一朵朵从 4 月开始一直到暑假结束。

蔷薇花的攀缘能力极强，蔓藤总是爬满自己可以立足的地方。这里阳光充分，蔷薇自己开着，完全不顾及任何人的眼光。刮风下雨也好，阳光灿烂也好，它都遵照自己的状态在绽放。蔷薇花朵不大，花瓣也比较薄，花梗短，但是蔷薇总是一簇一簇的，有的已经完全绽放，有的含苞欲放，有的

还是花骨朵。这样看上去就有了韵味，映衬着绿色的叶子。叶子一枝上有很多片柳条形的样子，这样花就更好看了。

蔷薇花开的时间真久，这期间似乎一株梨花开过了结了三只梨，苹果花也开了结了两只苹果，就连火红的石榴也开完了，似乎石榴果早就没有了，蔷薇似乎还在绽放。满架上的蔷薇花，远远看上去就像“满堂红”。但是几乎没有人走近它，把它看仔细一些。我常常只有黄昏的时间，才会过来看一看。似乎很多年之久了，我记得没有人甚至我也不会摘下一朵或者一簇。常常只有走近了，才能闻到它那很淡近乎于无的花香。

蔷薇花的寂寞映衬着我的寂寞，似乎常常无话可说或者是没有人听自己说话。花园周围就我一个小孩子，有时候一阵风吹过，花枝摇动着，好像是在给我说话。童年是那么漫长，看不到未来，只有四周的群山。

石榴花绽放了，石榴花被誉为“火红的石榴花”不是没有道理的。石榴花一开放，似乎别的花都被比下去了，虽然花与花之间并没有约定，但是花朵之间仿佛一生下来就知道自己的使命。石榴花开的时候，库房的守门人就要把狼狗拴在石榴树下，所以大人和孩子都不能靠近石榴树。这样要一直拴到石榴收获完才行。我年年都看见石榴花一簇簇开放，一簇簇结果，每次路过常常看见这一簇里有的花朵已经开始结果实了另外一朵花还在绽放着。这样不经意间日子就很快过去了。我每年都看着石榴花开、结果，但是我居然连一颗石榴都没有吃过！这是两株石榴树交织着长在一起了，所以花开得特别多自然果实也结得特别多。现在想来自然是守门人私自吃了。也难怪石榴花一开始开他就把大狼狗拴在石榴树下。想想冷碛镇似乎仅只有这两株石榴树。这个人真能吃。为什么没有人提议果实大家一起收获一起分享呢？因为这也是单位的果树呀。

石榴花和石榴并没有让我有更多的奢想，我想是因为家里似乎也还是水果不断，虽然石榴树下有大狼狗，但是还有两株大大的玫瑰花。这两株玫瑰长得特别茂盛，不知道是天生的还是有人曾经修剪过，玫瑰花树枝冠形成大伞状，玫瑰有刺，似乎也是没有人喜欢靠近的。但是这玫瑰花是我必须关心的花朵，因为每年母亲都要我摘些回家。奇怪的是这玫瑰枝叶茂盛但是花朵开得不多，零零星星地开上几朵，与它的花身完全不成比例。黄昏的时候，偶尔我摘上两三朵。现在写出来似乎云淡风轻般，但是童年的我每次摘玫瑰花的时候都异常得小心翼翼，并且异常紧张。生怕被认为是在“偷花”。

摘回家后，我的任务就完成了，直到春节前做汤圆心子的时候，玫瑰花就会派上用处。这时候看到的玫瑰花已经被母亲做成了玫瑰酱。不知道母亲什么时候做的，也不知她放在了什么地方。只有这时候才确切知道我摘的玫瑰的用处。等大年初一吃到汤圆的时候，玫瑰的香味才让我觉得我的冒险生涯太值得了。我的童年似乎可以吃到许多美食，因为自己有一位得了重病的母亲，她似乎知道她自己陪我们的时间不会很长，她要把所有能做的美食做给我们兄妹来吃。这就是母亲，全天下慈母的用心。美食伴随我们的童年，美食赋予了我们人生的幸福。

花园里梨树上的梨不知道谁摘走了，苹果树上的苹果也不见了，蔷薇剩下的只有不畏严寒没有叶子的蔓藤。石榴树下的大狼狗也不见踪影了，花园枯叶满地，终于到了可以自由进入花园的时候了。在花园的东南角还有好东西！那就是有一大株蜡梅花！也常常只有天都快黑的时候，我们才有时间，踩在枯叶上发出沙沙声，突然一股蜡梅花浓郁的香味沁入肺腑。冬天的大渡河谷总是刮着呼呼的风，凛冽的寒风裹着蜡梅花的香味，让我们在黑暗中觉得异常的神奇。脚下是枯叶耳边是寒风，手已经冻得瑟瑟的，似乎没有一个孩子会提议说摘蜡梅花，也没有孩子提议砍上一簇回家。

冬天的花园边上还有一颗大大的小柿子树，这种柿子是北方称为油柿子的树。夏天的时候叶子很茂盛，果实密密麻麻的，只有青色的小石子大小。不管它长得多好看，吃起来总是苦涩的。直到冬天树叶没有了，青色的果实被风吹干了，青色变成了黑色带一点点棕色，果实也不再饱满了，这时这样的小柿子才是可以吃的。但是它长得那样高，三三两两的、零零星星。没有大人的帮助，孩子们绝对不会费那样的劲去想小柿子吃。

冬天就这样过去了。第二年小柿子树依旧发出许多新枝芽，依旧枝叶茂盛，依旧结满密密麻麻的小柿子，依旧有人忍不住摘下来吃，依旧是寒风中能吃的小柿子没有人去摘，三三两两、零零星星在没有树叶的树上。一年又这样过去了。

我们终于长大了。

写给未来五年后的自己

有的人一早就对自己有觉知，香奈儿、艾米莉·勃朗特、艾米莉·狄金森；有的人很晚才发现自己的天赋和自己的爱好，例如摩西奶奶。

但对于每一个人来说，要想拥有自己的理想状态，就一定要经历一番披荆斩棘的勇敢、不辞辛苦；另外还有一份来自不可思议的命运眷顾。

多年以来，我喜欢写笔记、喜欢做计划、喜欢做自我总结，一直以来都过得异常小心翼翼，因为深感自己的笨拙与无能。

因为看见很多人如此伶牙俐齿、如此以自我为中心。而我宁愿自己更多地像一朵夏天的栀子花，哪怕再热烈的夏天，都会有自己的绽放方式；也希望自己像冬天的蜡梅，哪怕天

气再冷，都有属于自己的芬芳……我就像很多那些对自我认同度低的女子一样，常常陷于自我的怀疑和自我的拷问中。渴望自己的善良、忍让、耐心、更多的专业素养与自我完美获得他人的认可，但是更多的还是对自我的诘问。

这一切，直到我开始写《做一个灵魂独立而丰富的女子》，才开始有所归集。这个夏天异常炎热和多雨，那个年少时曾经在高山峡谷中长大的我，很少经历如此炎热的夏天。

我从来不知道香奈儿有如此凄惨的童年和如此敏锐的时尚感。她对女性着装的深刻理解到现在都对我们每一个职业女性深有帮助。好的服装就是要让女性成为更加自由并且能够自由工作和运动的女性。我从来不知道就是天才般的阿加莎也有自己的至暗时刻，失去母亲、失去童年的花园、失去丈夫；原来一个人也许会一件接一件碰到的逆境和磨难，它不会因为你的痛苦无助妥协而减少，说不定还会变本加厉。我从来不知道一个完全没有受到过任何教育的贫穷女孩玛丽·安宁会在暴风雨中蜕变成为第一位发现鱼龙化石的人。我从来不知道玛丽·雪莱在雪莱死后活得如此精彩绝伦。当我知道海莲·汉芙多次想去伦敦见证自己的文学和会见知己，但每一次都因为没有旅费出行而作罢的时候，我对贫穷多了更多的理解……

如果我早一点儿看到这些人、这些故事，写下我心中的感触，我是不是就会变得聪明一些，睿智一些？是不是就会少一些挫折磨难，多一些成功呢？只有更多地阅读，更多地了解社会，又能做到更多地远离那些世俗生活的片刻，我们才会看见自己的心，才会听见自己内心的声音。

只有经历了炎热的夏天，你就会感知立秋后每一个夜晚的凉风如此沁人心扉；只有经历了严冬的寒冷，你就会感知立春后每一次朝阳后的温暖。但是这一切都需要时间的流逝和内心的觉知。我们常常把更多的时间用来攀比和将就，也很难去感知四季的变化和我们最真的需要以及对未来的期许。因为我们害怕失败，害怕被拒绝，害怕不能掌控某一件事情。

当我在那每一天或每一个夜晚，写下她们的人生与故事的时候，我深深地释然了，我也深深地钦服了。因为我从这里得到了更简单的答案：做自己想做的事情，从现在开始加油努力吧！

这么多年来，我要感谢我的家人对我十分的理解与支持，您们的爱心深深激励着我；我要感谢我的朋友们，您们总是帮助关心我的成长。

希望未来的五年：阅读更多书籍，写出更好的作品，遇见更好的更真实的自己！

亲爱的你也一起加油吧：为我们理想的生活而一起开始！

亲爱的你，

也写下对自己的承诺和期许吧！